I0066084

Theoretische und praktische Untersuchungen

zur Konstruktion

Magnetischer Maschinen.

———————

Theoretische und praktische Untersuchungen

zur Konstruktion

Magnetischer Maschinen.

Von

Dr. Max Corsepius.

Mit 13 Textfiguren und 2 lithographirten Tafeln.

Berlin.   1891.   **München.**

Julius Springer.   R. Oldenbourg.

Vorwort.

In dem vorliegenden Werk übergebe ich der Oeffentlichkeit eine Reihe von Untersuchungen über die Bedingungen für die Konstruktion magnetischer Maschinen und Apparate, welche mich seit dem Jahre 1886 beschäftigt haben. Ein Theil der hier vorgeführten Deduktionen ist rein theoretischer Natur und dürfte als Beitrag zu den mathematischen Theorien der Elektrizitätslehre betrachtet werden können; in der Hauptsache jedoch beschäftigt sich diese Arbeit mit der Prüfung und Benutzung jener theoretischen Grundsätze in der Praxis des Elektrotechnikers einerseits und mit der Erörterung von praktisch, d. h. durch Versuche und Messungen festgestellten Rechnungskonstanten und Gesetzen für den Magnetismus andererseits.

Jene sind bestimmt, die Frage zu beantworten, durch welche Wickelungs-anordnung man die gröfste Induktionswirkung erreicht, diese dienen unmittelbar zur Berechnung der Eisentheile von magnetischen Vorrichtungen. In Bezug auf die Wickelungstheorie soll meine Aufgabe erfüllt sein, wenn der Konstrukteur an der Hand derselben zu erkennen im Stande ist, wieweit sich eine Konstruktion dem theoretisch Vollkommenen nähert, beziehungsweise welche Nachtheile eine Ab-weichung von dem Gesetz mit sich bringt, während es immerhin eine Reihe von Fällen und von Ausführungsarten giebt, bei welchen ein enger Anschlufs an die Theorie leicht durchführbar ist; in Bezug auf die Berechnung der magnetischen Theile soll dagegen als Endzweck betrachtet werden, dem Techniker die Möglichkeit zu geben, jeden beliebigen Apparat ohne irgend einen vorher anzustellenden Versuch im Vor-aus zu bestimmen, falls ihm nur die Güte des Materials annähernd bekannt ist; hierbei soll der Apparat, z. B. die Dynamomaschine, als genau berechnet gelten, wenn sich nur Abweichungen in einem technisch zulässigen Grade ergeben.

Die für die Untersuchungen nothwendigen Messungen sind, soweit sie sich auf die Induktion beziehen, gröfstentheils im physikalischen, und, soweit sie zur Berechnung der magnetischen Theile gehören, im elektrotechnischen Laboratorium der Kgl. technischen Hochschule Berlin ausgeführt.

Es sei mir gestattet, an dieser Stelle den Herren Professoren Dr. Paalzow und Dr. Slaby für die Bereitwilligkeit, mit welcher dieselben ihre Laboratorien für diesen Zweck zur Verfügung gestellt und neue Apparate beschafft haben, meinen verbindlichsten Dank auszusprechen.

Ein hervorragendes Verdienst haben ferner um die im Jahre 1888 angestellten Versuche Herr Ernst Landmann und für diejenigen des Jahres 1890 Herrn Assistent Dr. Wilhelm Wedding als Mitbeobachter. Auch haben mich die Herren Bauch, Miehlke, Kahlenberg, Martin zeitweise unterstützt, wofür ich allen Genannten besten Dank weifs.

Das entgegenkommende Anerbieten des Herrn Professor Dr. Slaby war Veranlassung dazu, dafs ein Theil dieser Abhandlung bereits an anderer Stelle und zwar in den Verhandlungen des Vereins zur Beförderung des Gewerbfleifses veröffentlicht worden ist. Der Verein hat jedoch in sehr anerkennenswerther Weise seine Genehmigung zur Herausgabe der ganzen Arbeit in der jetzigen Form ertheilt.

Es sollte mir zu grofser Freude gereichen, wenn die gewonnenen Ergebnisse Benutzung und Prüfung in den Kreisen rechnender Techniker finden und denselben Dienste leisten sollten, gleichwie sie mir in meiner Thätigkeit als Ingenieur bei einer der bekanntesten Firmen mehrfach förderlich gewesen sind.

December 1890.

Dr. Max Corsepius.

Inhalt.

Für die Vorausbestimmung magnetischer Maschinen braucht der Konstrukteur eine Reihe von Daten, welche zum Theil den Gegenstand längerer Untersuchungen sowohl theoretischer als auch experimenteller Natur der bekanntesten Forscher in der Elektrizitätslehre gebildet haben.

Wie sich jede einzelne Versuchsreihe eines Beobachters nur mit einem ganz speziellen Punkt des Gesammtgebietes befassen kann, so bemerkt man auch in dem vorliegenden Fall, daß jede Untersuchung der in Betracht kommenden Forscher nur einzelne Fragen für die Berechnung beziehungsweise Beurtheilung von elektrischen Vorrichtungen beantwortet oder zu beantworten sucht.

Im Nachfolgenden soll eine Reihe von Untersuchungen der beiden oben genannten Arten besprochen und ihre Anwendung auf die Praxis des Technikers klargelegt werden, und wenn auch die hier zu besprechenden Gebiete nicht den Anspruch machen können oder sollen, Alles dasjenige in sich zu begreifen, dessen Kenntniß für die Ausführung von Konstruktionen nothwendig ist, so mag es doch gerade aus diesem Grunde gerechtfertigt erscheinen, die verschiedenartigen theoretischen und praktischen Festsetzungen, welche mich in Verfolgung des vorgenannten Zweckes in den letzten vier Jahren beschäftigt haben, an einer Stelle als gemeinschaftlichen Beitrag zur Erreichung jenes Zieles zu veröffentlichen, zumal es nicht angängig erachtet werden kann die einzelnen Betrachtungen von einander vollständig zu trennen, weil die Beurtheilung des Einen die Kenntniß des Anderen voraussetzt.

Es mag aus demselben Grunde angezeigt sein, die Gebiete, mit denen sich diese Arbeit befaßt, zu umgrenzen und anzugeben, welche anderen nothwendigen, jedoch für die Anwendung des zu Erörternden in gewissem Grade entbehrlichen Theile des Ganzen nicht berücksichtigt sind.

Da die Berechnung, beziehungsweise Vorausbestimmung magnetischer Maschinen sowohl die Konstruktion von Dynamomaschinen für Wechsel- und Gleichstrom, als diejenige von Telephonen, Transformatoren, Magneten und magnetischen Apparaten und Meßinstrumenten in sich schließt, so ist von vornherein zu übersehen, daß alles hier Gesagte allgemeingültig sein muß, daß also auf der Grundlage der exakten Forschung ohne Willkür Gesetze ausgebaut und zur unmittelbaren Anwendung brauchbar gemacht werden müssen.

1

Es sollen behandelt werden der Reihe nach:

Eine Theorie der vollkommenen Wickelung,

Die Gesetze des Telephonbaues,

Die Kapp'sche Theorie,

Neue Festsetzungen auf der Grundlage der Letzteren,

Die Kraftlinienstreuung.

Soweit angängig, sind alle theoretischen Folgerungen durch sorgfältige Versuche, welche theils im physikalischen, theils im elektrotechnischen Laboratorium der Kgl. technischen Hochschule Berlin ausgeführt sind, gestützt und mit Beispielen belegt, doch mußte auf näheres Eingehen auf alle Gebiete der Anwendung verzichtet werden. Es bleibt also dem Leser überlassen, in den speziellen Fällen das Erörterte zu prüfen und zu ergänzen, da hier nur nackte Thatsachen mitgetheilt werden können.

Bei der Wickelungstheorie ist nicht berücksichtigt die Aenderung der zu Grunde liegenden Induktionen durch Selbstinduktion oder geänderte Transformation, bei der Festsetzung der magnetischen Verhältnisse ist der Einfluß der Temperatur außer Acht gelassen. Im Rahmen der richtigen Anwendung für spezielle Induktionsverhältnisse und gewöhnliche Temperatur dürften jedoch die Folgerungen als streng gelten. Inwieweit bei den Beispielen besondere Verhältnisse zu Grunde gelegt sind, dürfte leicht erkannt werden.

Wir kommen zur Betrachtung der Wickelung magnetischer Vorrichtungen.

Bei den in der Praxis gebräuchlichen Maschinen und Apparaten, welche auf der Wechselwirkung von elektrischen Strömen und Magneten in irgend einer Form beruhen, findet man fast durchgängig die Anwendung von cylindrischen Drahtspulen mit an allen Stellen gleicher Anzahl von Drahtlagen und gleichbleibender Drahtstärke. Es sind nun zwar schon öfters Versuche gemacht, die Wirkungsweise von derartigen Vorrichtungen dadurch zu verbessern, daß man den Draht nicht gleichmäßig aufwickelt, sondern mit gewissen Abweichungen von der allgemein cylindrischen Wickelungsform, und es bestehen z. T. noch einzelne Patente auf solche „Verbesserungen", doch liegt allen diesbezüglichen Anordnungen kein mathematisches Prinzip oder irgend welche numerische Dimensionirung zu Grunde, vielmehr war es rein Sache des Probirens gewesen, durch gewisse Abänderungen der Wickelungsmaße eine größere Leistung erzielen zu wollen, an eine Anwendung verschiedener Drahtstärken in einer und derselben Spule in einer den später zu veröffentlichenden Anordnungen entsprechenden Weise hat aber meines Wissens bisher überhaupt Niemand gemacht.

Aufgabe der vorliegenden Arbeit soll es sein, die Frage zu beantworten, ob es zweckmäßig ist, die gewöhnliche Art der Wickelung durch eine andere zu ersetzen und durch welche. Die Antwort soll in der Weise ertheilt werden, daß nicht nur eine zweckmäßigere Wickelungsart angegeben, sondern mathematisch, d. h. durch Rechnung nachgewiesen wird, welche unter allen Wickelungsarten die vollkommene ist. Der hierfür aufgestellte Rechnungsausdruck soll dann an Beispielen geprüft, klargestellt und die sich so ergebenden Thatsachen, erläutert durch über diesen Gegenstand ausgeführte Versuchsreihen, auf die Praxis und zwar im Besonderen auf den Telephonbau angewandt werden.

Der erste und als der rein theoretische das Hauptgewicht besitzende Theil meiner Arbeit wird sich daher mit der Theorie der vollkommenen Wickelung beschäftigen; zum Verständnifs der weiteren Ausführungen ist dann, streng genommen, die Kenntnifs der im späteren Theil dieser Abhandlung besprochenen Messungen und Untersuchungen über die Kapp'sche Theorie der Rechnung mit Kraftlinien, sowie über die Kraftlinienstreuung erforderlich oder doch die Kenntnifs der Arbeiten der bekannten Forscher wie Hopkinson und Ewing über Magnetismus in ihren grundlegenden Zügen vorausgesetzt.

Die Theorie einer vollkommenen Wickelung.

Bei meiner Promotion in München 1886 stellte ich die Behauptung auf:

„Bei einem vollkommenen Telephon müfsten die Magnete derartig von Drahtwindungen umgeben sein, dafs alle Kraftlinien von diesen geschnitten werden und dafs der Widerstand jedes Raumelementes eine Funktion der Intensitätsänderung des magnetischen Feldes an seinem Ort ist."

Diese These, welche zu vertheidigen mich die Einwürfe des Herrn Prof. Dr. Lommel veranlafsten, bedarf einer näheren Erklärung zum vollen Verständnifs.

Zunächst spricht der obige Satz nur von einem Telephon, ich mufs jedoch gleich hervorheben, dafs derselbe auf jeden Magneten anwendbar ist, welcher Schwankungen in der Intensität seines Feldes erfährt.

Ferner aber ist „Widerstand jedes Raumelementes" so zu verstehen. Wir denken uns den geometrischen Raum, welcher die Magnete umgiebt, in kleine Theile zerlegt, z. B. zunächst 1 ccm; dann enthält jedes Kubikcentimeter eine Anzahl Drahtstückchen von bestimmter Dicke, und zwar ist diese Drahtdicke konstant, falls die Intensitätsänderung des Feldes in diesem Kubikcentimeter bei der in Frage kommenden Beeinflussung des Telephonmagneten an allen Stellen dieselbe ist.

Reihen wir die Drahtstückchen an einander zu einem Draht, so besitzt dieser Draht einen bestimmten Widerstand.

Lassen wir nun — was aus dem Grunde nothwendig ist, weil im Allgemeinen die Feldstärke überall verschieden ist — zur Infinitesimaldimension übergehend, den erörterten Raumtheil sich der Null nähern, so erhalten wir das Raumelement und müssen, um die frühere Betrachtung gelten zu lassen, die Drahtdicke ebenfalls zu Null machen; hierbei wird der Gesammtwiderstand unendlich werden, doch wird, wie bei ähnlichen Infinitesimalbetrachtungen der Widerstand jedes Raumelementes mit verschiedener Schnelligkeit zu Unendlich werden, so dafs die Verschiedenheit der Widerstände damit gewahrt bleibt.

Wir erkennen, dafs die Behauptung mehrere in sich fafst, nämlich:

1. Bei den gewöhnlichen Telephonen werden die Kraftlinien (das magnetische Feld) nicht vollkommen ausgenutzt.
2. Wenn man ein bisher unbenutztes Raumstück in der Nähe des Magneten zur Wickelung hinzunimmt, so vergrößert man die Wirkung, falls die übrigen Voraussetzungen erfüllt werden.

3. Bei einem Telephonmagneten ist nicht nur die Feldstärkenänderung, sondern auch die Größe des Feldes von Werth.

4. Die höchste Wirkung erfordert einen unendlich großen Raum für die Wirkung.

5. Da man die Wirkung eines Telephons nur daran ermessen kann, welche elektrometrische Kraft es entwickelt, falls der Gesammtwiderstand der Wickelung ein ganz bestimmter ist, so wird behauptet, falls man zu den vorhandenen Spulen noch mehr hinzunimmt und dabei für die früheren Spulen entsprechend dickeren Draht wählt, so daß der nunmehrige Gesammtwiderstand wieder der frühere ist, so wird die Wirkung vergrößert, obgleich die Windungszahl der alten Spulen verringert ist, selbst wenn die Intensitätsänderung — d. h. die Induktion in einer Windung — am neuen Orte bedeutend geringer ist.

6. Mehr erhält man nach diesem Verfahren nur, wenn die genannte Widerstandsbedingung genügend, und das Maximum nur, wenn sie genau gewahrt ist.

Man sieht, daß eine Fülle von Behauptungen sich aus jenem Satz herleitet, deren schwieriges Aussehen uns aber nicht von der Klarheit des Hauptinhaltes ablenken darf, und dieser ist eben:

Die Telephone (d. h. alle auf Induktion beruhenden Anordnungen) sind allein durch Aenderung der Wickelung verbesserungsfähig, und zur Erreichung der höchsten Wirksamkeit ist es nothwendig, daß die Drahtdicke variabel und nach einem bestimmten Gesetz gewählt wird, so daß die bestimmende Variable nur die Intensitätsänderung ist.

So weit reichte meine Erkenntniß in dieser Sache in München, ich war nur im Stande zu beweisen, daß der erste Theil der These ohne den zweiten nicht bestehen kann, welches aber die „Funktion" sei, mußte erst durch eingehende Rechnung gefunden werden.

Da es weit übersichtlicher ist, meinem eigenen Entwickelungsgange hierin zu folgen, anstatt, wie ich es jetzt könnte, sofort in rein mathematische Betrachtungen einzutreten, so ziehe ich es vor, meinen damaligen Beweis zu wiederholen.

Gegeben ist ein Magnet, der entweder durch Aenderung des permanenten Magnetismus oder durch Magnetisirung von außen her in den um ihn zu legenden Drahtwindungen Ströme induziren soll. Jenes gilt z. B. für Telephone, dies für die Armatur der Dynamomaschinen.

Wir betrachten also einen Telephonmagneten; ob derselbe Polschuhe hat oder nicht, ist gleichgültig; sind solche vorhanden, so gehören sie selbstverständlich zum Magneten hinzu und sind prinzipiell von den übrigen Theilen des Magneten nicht verschieden.

Warum dies besonders hervorzuheben ist, ergiebt sich, wie folgt. Der Anblick des gebräuchlichen Telephons, in seiner Allgemeinheit, lehrt uns sofort die Grundidee kennen, auf welche die Konstruktion gestützt ist. Man nimmt offenbar an, daß es sich bei einem Telephone darum handle, ein Stück weiches Eisen durch einen Stahlmagneten zu magnetisiren und durch die Vibration der Membran beim Sprechen in's Telephon den Magnetismus jenes Eisens zu verändern.

Der Erfolg aber, der Vorgang vollkommen betrachtet, ist ein weitergehenderer. Wir ändern den Magnetismus beim Sprechen nicht nur im weichen Eisen, sondern durch den ganzen Magneten hindurch gleichmäßig. Man kann sich davon leicht auf dem von mir experimentell eingeschlagenen Wege überzeugen, daſs man den einen Pol eines Magneten der Mitte einer Eisenmembran gegenübersteben läſst, ohne daſs er sie berührt, während der andere Pol mit dem Rande der Membran an irgend einer Stelle in metallischer, magnetischer Berührung steht, und indem man ihn mit einer Induktionsrolle umgiebt. Durch ein solches Telephon läſst sich sprechen.

Was man also bei der gebräuchlichen Konstruktion wirklich ausgeführt hat, ist, daſs man nur die Stelle größter magnetischer Intensität ausgenutzt hat.

Es läſst sich jedoch zeigen, daſs wir die Wirkung wesentlich verstärken, wenn wir auch die Stellen geringerer Intensität mit Drahtwindungen, aber von ganz besonderer Beschaffenheit, erfüllen.

Wir setzen nun voraus, daſs der Telephonmagnet nur zwei ringförmige Felder von verschiedener, aber in jedem Ringe konstanter Stärke besitze und haben nach Vorstehendem zu erörtern, ob es möglich ist, die Wirkung zu vergrößern, falls bei gewöhnlicher Anordnung nur der Ring stärkerer Intensität Draht enthält.

Wie bereits erwähnt, messen wir die Wirkung durch die elektromotorische Kraft, welche in den Windungen induzirt wird bei Intensitätsänderung des Feldes. Dies genügt aber allein nicht.

Hätten wir nämlich im vorstehenden Falle zum ersten Ringe, er sei a, noch den zweiten b hinzugenommen, so wäre ohne Aenderung an a die neue elektromotorische Kraft stets größer als die frühere.

Wir würden dabei aber ganz übersehen, daſs der entstehende Integralstrom trotzdem geringer wird, weil der Widerstand sich vergrößerte.

Um eine vollkommene Betrachtung anzustellen, müssen wir vielmehr eine solche Anordnung treffen, daſs der Gesammtwiderstand derselbe bleibt.

Was müssen wir aber thun, um diese Bedingung zu erfüllen? Wir müssen zur Spule a dickeren Draht nehmen, d. h. weniger Windungen wie früher. Damit folgt aber: Wir schwächen die Wirksamkeit von a, und wir müssen nicht nur den Verlust von a in b ersetzen, sondern sogar für diesen Ersatz und das zu leistende Mehr steht uns ein schwächeres Feld zur Verfügung. Man würde hierdurch bei oberflächlicher Betrachtung leicht veranlaſst werden, die Möglichkeit zu bezweifeln. Und doch ist es richtig! Denn ein Faktor steht uns noch zur Verfügung, die Größe des magnetischen Feldes.

Probirt man nun bei verschiedenen Feldern die Wirkung verschiedener Drahtstärken durch, so kann man sich leicht überzeugen, daſs unter Umständen das Hinzukommen des schwächeren Feldes die elektromotorische Kraft bei gleichbleibendem Widerstande vergrößert.

Wir haben hier vorausgesetzt, daſs es sich um gleichartige Ringstücke für die Wickelung handle, wir sehen aber, daſs wir auch Räume ganz beliebiger anderer Gestalt in die Betrachtung hineinziehen müssen, es fragt sich also, ob nicht noch andere Variable, als die Intensitätsänderung in Frage kommen können.

Für gewöhnlich rechnet man die Induktion in einem Drahte, welcher sich in einem magnetischen Felde befindet so, daſs man sagt:

Ist in einer Windung die elektromotorische Kraft der Induktion e, so liefern n Windungen ne; oder besitzt das Feld Z_{qcm} Kraftlinien pro Quadratkilometer, so ist die elektromotorische Kraft der n Windungen $n \cdot Z_{qcm} \cdot q$, wo q die Fläche der Windungen (gleicher Größe) bedeutet.

Beide Betrachtungen gehen also von der Wirksamkeit der Windungs-Fläche aus. Dies ist jedoch für die Rechnung durchaus nicht nothwendig. Vielmehr ist es vollkommen korrekt zu sagen:

Die Induktion in n Windungen ist proportional der Aenderung der magnetischen Intensität d. h. der Kraftlinienstreuung an ihrem Orte und der Drahtlänge.

Nur muſs man sich klar machen, was man in diesem Falle miſst. Unter Aenderung der magnetischen Intensität hat man hier zu verstehen die Anzahl Kraftlinien, welche durch die Längeneinheit (durch 1 cm) hindurchgeht; demgemäß hat man in die hierfür geltende Gleichung:

$e = m \cdot l$, worin m die Intensitätsänderung und l die Drahtlänge bedeutet, für den Magnetismus m nicht dieselbe Zahl einzusetzen, wie in die frühere Gleichung.

Die beiden Gleichungen lassen sich auf folgende Art in einander überführen:

Gegeben sei ein Ring vom Radius r, und es gehen bei der Intensitätsänderung Z Kraftlinien in die Fläche hinein, so daſs $e = Z \cdot n$ ist; dann haben also diese Z Kraftlinien eine Drahtlänge von $n \cdot \pi \cdot 2 r$ durchschnitten, oder da $e = m \cdot l$ sein soll, so ist

$$\frac{Z}{2 \pi r} = m \text{ zu setzen.}$$

Vergleichen wir nun z. B. zwei verschiedene Spulen mit einander, von denen die eine den Radius r, die andere den Radius $r' = ar$ habe; die Anzahl Kraftlinien sei aber in jedem Fall Z. Dann ist $e = Z \cdot n$ zu setzen nach der ersten Gleichung, nach der zweiten für die erste Windung

$$e = m \cdot l,$$

für die zweite Windung $e' = m' \cdot l'$.

Messen wir jedoch m, so wird uns die Messung für m' liefern $m' = \dfrac{m}{a}$, da $r' = ar$,

also $m' = \dfrac{Z}{2 \pi \cdot r \cdot a} = m \cdot \dfrac{1}{a}$.

Die Länge l' dagegen

$$l' = 2 \pi r'$$
$$= 2 \pi ar$$
$$= a \cdot l.$$

Somit wird auch nach dieser Gleichung

$$e' = m' \cdot l' = \frac{m}{a} \cdot al = m \cdot l = e,$$

wie für die erste Berechnungsweise.

Nachdem wir somit erkannt haben, daſs wir zur Berechnung nur die Intensitätsänderung pro Centimeter Draht d. h. die in 1 cm induzirte elektromotorische Kraft zu betrachten brauchen, sind wir in der Lage, für jedes Linienelement im Raume seine Wirksamkeit zu bestimmen und demgemäß für das dort liegende Raumelement die Drahtdicke anzugeben, sobald wir die Funktion kennen, welche die Abhängigkeit kennzeichnet.

Unsere Aufgabe ist also, ein Gesetz für die Abhängigkeit von Intensitätsänderung des Feldes und Drahtstärke — beziehungsweise Elementarwiderstand — zu finden.

Das Naheliegende für diesen Zweck wäre einfach die betreffenden beiden Gleichungen aufzustellen, eine für die elektromotorische Kraft, die andere für den Widerstand, und zu untersuchen, wann jene ein Maximum wird. Wegen der Allgemeinheit dieser Gleichungen sind dieselben aber zur Auflösung unbequem, und es empfiehlt sich daher eine andere Betrachtung. Ich will jedoch, da man aus jenen Gleichungen eine allgemeine Uebersicht erhält, dieselben nachstehend anführen.

Wir betrachten zunächst einen Magneten, dessen Dicke überall die gleiche ist, und der an allen Stellen bis zu gleicher Höhe mit Draht bewickelt werden soll. Es ändert nichts an der Allgemeinheit der Betrachtung, wenn man diese Voraussetzung macht.

Wir denken uns ferner den Magneten linear angeordnet, derartig, daſs er mit dem einen Pol vom Nullpunkt eines rechtwinkligen Koordinatensystems anfangend sich in der X-Achse bis zu einem um die Länge l des Magneten von dem Nullpunkt entfernten Punkte erstreckt.

Die Intensitätsänderung des magnetischen Feldes, gemessen in beliebigem Maßsystem, sei an jeder Stelle der X-Achse als Ordinate aufgetragen, so daſs die dabei entstehende Kurve die Kurve für den Verlauf der Intensitätsänderung längs der magnetischen Achse darstellt.

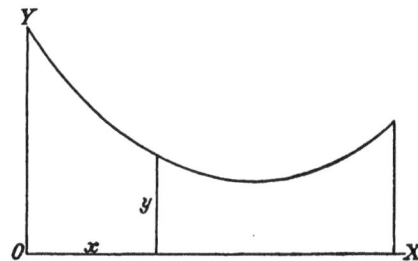

Fig. 1.

Analytisch heißt dies: Ist y der Werth der Intensitätsänderung an der Stelle X, so ist durch die besagte Kurve $y = f(x)$ gegeben als dem Magneten eigenthümliche Funktion, eine Funktion, welche für jedes Exemplar eines Magneten verschieden ist (Fig. 1).

Gesucht ist die variable Drahtstärke $g = \varphi(y) = \psi(x)$. Der Widerstand berechnet sich nach bekannter Methode: Greifen wir an der beliebigen Stelle x ein Wickelungsstück von der Länge dx heraus, und bezeichnen wir mit a die konstante Höhe der Windungen, mit c die innere Weite derselben, so ist unter der Voraussetzung, daſs das Material Kupfer von der spezifischen Leitungsfähigkeit 60 ist, und daſs der Draht mit Bewickelung (einfache Lage Seide) 1,2 mal so stark ist, als ohne dieselbe, der Widerstand jenes Wickelungsstückes, innerhalb dessen die Drahtdicke konstant gedacht wird,

$$dw = \frac{a(a+c) \cdot 4}{g^2 \cdot 1{,}44 \cdot 60\,000}\, dx.$$

Der Gesammtwiderstand also

$$W = \int_0^l \frac{a(a+c) \cdot 4}{g^4 \cdot 1{,}44 \cdot 60\,000}\, dx.$$

In diesem Ausdruck ist alles konstant, außer x und g, es soll aber gemacht werden

$$g = \psi(x).$$

Es ist demnach $W = \text{konst.} \int_0^l \dfrac{dx}{[\psi(x)]^4}$ eine gegebene Größe.

Die induzirte elektromotorische Kraft finden wir weiter durch eine ähnliche Rechnung. Im oben betrachteten Wickelungsstück von der Länge dx ist der Antheil der in ihm induzirten Spannung

$$de = k \cdot dL \cdot m,$$

wenn k eine Konstante, dL die Drahtlänge und m die (in jenem Wickelungsstück gleichförmig gedachte oder die mittlere Intensitätsänderung des magnetischen Feldes bedeutet.

Die Drahtlänge hängt aber mit der Dicke zusammen

$$dL = \frac{\pi\, a(a+c)}{g^2 \cdot 1{,}44}\, dx.$$

Da ferner gegeben ist $m = y = f(x)$, so wird jene Gleichung

$$de = k \cdot \frac{\pi\, a(a+c)}{1{,}44 \cdot g^2} \cdot f(x) \cdot dx$$

und die gesammte, induzirte elektromotorische Kraft

$$e = \int_{(0)}^{(l)} de = \int_0^l k \cdot \frac{\pi\, a(a+c)}{1{,}44 \cdot g^2} \cdot f(x)\, dx,$$

oder

$$e = \text{konst.} \int_0^l \frac{f(x)}{[\psi(x)]^2} \cdot dx.$$

Dies soll ein Maximum werden; wir haben also folgende beiden Gleichungen

1. $\quad W = \text{konst.} \displaystyle\int_0^l \frac{dx}{[\psi(x)]^4}$ gegeben, und

2. $\quad l = \text{konst.} \displaystyle\int_0^l \frac{f(x)}{[\psi(x)]^2} \cdot dx = \text{Max.}$, als Bedingung.

Würde man diese Gleichungen vereinigen und daraus $g = \psi(x) = F(m)$ darstellen, so hätte man das Problem gelöst.

Diese Lösung selbst enthält man aber einfach auf folgendem Wege, der der Praxis mehr entspricht.

In obigen Gleichungen figurirt nämlich $m = f(x)$, d. h. eine analytische Funktion, die wir in Wirklichkeit niemals kennen. Vielmehr wird uns in der Praxis die magnetische Intensitätsänderung m an den verschiedenen Punkten der Magnetachse im Verhältnifs zu derjenigen an einem Pole gegeben sein, diese nennen wir m_0.

Ferner aber ist es unmöglich, auf Strecken von der Länge dx hin die Drahtstärke zu ändern, vielmehr werden wir auf die endlichen Strecken b hin dieselbe Dicke g beibehalten und b angemessen wählen. Je kleiner dasselbe wird, desto größer wird unsere Annäherung an das Maximum werden können.

Wir schlagen dementsprechend einen Weg ein, auf dem wir in Annäherungen an die zweckmäßige und theoretisch geforderte Form der Ausführung herankommen.

Zunächst nehmen wir an, wir legen um den ganzen Magneten nur 2 Rollen von verschiedener Drahtstärke, deren jede die Länge b hat, welche also $= \dfrac{l}{2}$ sein wird.

Der mittlere Werth der magnetischen Intensitätsänderung im ersten Abschnitt sei m_1, im zweiten m_2 und es sei $m_2 = \alpha \cdot m_1$ gegeben. Die Drahtquerschnitte seien q_1, beziehungsweise q_2 und es müsse $q_2 = x \cdot q_1$ gemacht werden, um das Maximum zu erreichen.

Dann ist die elektromotorische Kraft

$$e = \frac{\pi^2 \cdot b \cdot a\,(a + c)}{1{,}44 \cdot 4} \left(\frac{m_1}{q_1} + \frac{m_2}{q_2} \right) = A \cdot \left(\frac{m_1}{q_1} + \frac{m_2}{q_2} \right)$$

und der Widerstand

$$w = \frac{\pi^2 \cdot b \cdot a\,(a + c)}{4 \cdot 1{,}44 \cdot 60\,000} \cdot \left(\frac{1}{q_1^2} + \frac{1}{q_2^2} \right) = B \left(\frac{1}{q_1^2} + \frac{1}{q_2^2} \right)$$

oder

$$e = \frac{A}{q_1} \cdot m_1 \left(1 + \frac{\alpha}{x} \right) \qquad w = \frac{B}{q_1^2} \left(1 + \frac{1}{x^2} \right).$$

Aus diesen beiden Gleichungen folgt

$$E^2 = \text{konst.}\ \frac{(x + \alpha)^2}{x^2 + 1}.$$

Das ist ein Maximum für

3. $\qquad\qquad\qquad x = \dfrac{1}{\alpha}$, ein überaus einfaches Ergebnifs.

Die Betrachtung galt zunächst für zwei gleichlange Spulen; hat die eine die Länge b, die andere $y \cdot b$, so ist die Bedingung

$$E^2 = \text{konst.}\ \frac{(x + \alpha y)^2}{x^2 + y} = \text{Max.},$$

woraus wiederum folgt $x\,\dfrac{1}{\alpha}$. Schon hieraus ergiebt sich, dafs jene Beziehung gelten mufs unabhängig von den Dimensionen der Spulen; wir können also statt der Spulen Raumelemente betrachten. Die frühere Rechnung läfst sich auch ausdehnen auf die einzelnen Theile der beiden zunächst betrachteten Spulen, indem wir jetzt den Widerstand der einen Spule als Konstante einführen. Zertheilen wir eine Spule in zwei, so brauchen wir nur die mittleren magnetischen Intensitätsänderungen für die jetzigen beiden Theile einzuführen und erhalten eine der früheren analoge Bedingung, d. h. wieder müssen die Drahtquerschnitte sich umgekehrt verhalten wie die Intensitäten.

Was aber für endliche Theile gilt, gilt auch für unendlich kleine; die Theorie erfordert demgemäß, dafs durchweg ist

$$q = C \cdot \frac{1}{m} \text{ oder } g = C^1 \sqrt{\frac{1}{m}},$$

und da allgemein $m = f(x)$ ist, $\qquad g = C^1 \cdot f(x)^{-1/4}.$

Anstatt von endlichen Theilen auszugehen, hätten wir auch unendlich kurze Spulen betrachten können, indem wir die Summe der Widerstände je zweier solcher Wickelungstheile als Konstante auffassen und dann das Verhältnifs der Drahtdicken ermitteln.

Nach Erledigung des eigentlichen rechnerischen Theiles ist noch auf die Anwendung einer Korrektur aufmerksam zu machen.

Im Vorstehenden haben wir nämlich vorausgesetzt, dafs das Verhältnifs der Drahtstärke mit Einschlufs der Bespinnung zu der des nackten Drahtes eine Konstante ist, in Wirklichkeit ist aber dieses eine Funktion der Drahtdicke selbst. Infolgedessen müssen wir bei Zugrundelegung einer Verhältnifszahl für dickere Drähte, die damit für die Stellen großer Intensität gefundenen Drahtstärken etwas vergrößern.

Mit der obigen Ausrechnung ist noch nicht alles erledigt. Es erübrigt noch ein Mittel zu finden, um die Drahtdicken selbst aus dem gegebenen Widerstande zu berechnen.

Es ist allgemein

$$q = \frac{f(x_0)}{f(x)} \cdot q_0 \text{ zu machen, wo } q_0 \text{ den Drahtquer-}$$

schnitt für die Stelle x_0 bezeichnet.

Es war aber

$$w = \frac{4\,a\,(a+c)}{1{,}44 \cdot 60\,000} \int_0^l \frac{dx}{g^4} = \frac{\pi^2\,a\,(a+c)}{4 \cdot 1{,}44 \cdot 50\,000} \int_0^l \frac{dx}{q^2},$$

also

$$w = \frac{\pi^2\,a\,(a+c)}{4 \cdot 1{,}44 \cdot 60\,000} \int_0^l \frac{[f(x)]^2}{[f(x_0)]^2} \cdot \frac{1}{q_0{}^2} \cdot dx.$$

Daraus folgt

4.
$$q_0{}^2 = \frac{\pi^2\,a\,(a+c)}{4 \cdot 1{,}44 \cdot 60\,000} \frac{1}{w \cdot [f(x_0)]^2} \int_0^l [f(x)]^2 \cdot dx.$$

Nach dieser Formel zu rechnen, ist praktisch unmöglich, wir können dieselbe jedoch durch eine andere ersetzen, bei der die Integrale durch Summen von einer endlichen Anzahl endlicher Größen vertreten sind. Wir haben in Wirklichkeit n Theilrollen von der Länge b, und erhalten den Drahtquerschnitt für die erste aus

$$q_0{}^2 = \frac{\pi^2\,a\,(a+c)\,b}{4 \cdot 1{,}44 \cdot 60\,000} \frac{1}{w} \frac{\sum\limits_{i=1}^{n} m_i{}^2}{m_0{}^2}$$

oder

5.
$$g_0{}^4 = \frac{4\,b\,a\,(a+c)}{1{,}44\,w \cdot 60\,000 \cdot m_0{}^2} \sum\limits_{i=1}^{n} m_i{}^2$$

In dieser Gleichung macht es keinen Unterschied, in welchem Maßsystem $m = f(x)$ gemessen ist, wir brauchen also nur die relativen Werthe des magnetischen Feldes an den verschiedenen Stellen zu kennen.

Bevor wir weitergehen, wollen wir die Beziehungen, welche sich aus dem Erörterten ergeben, noch einmal übersichtlich zusammenstellen.

Wir kennen nach der Voraussetzung von dem fraglichen Telephonmagneten den Verlauf des magnetischen Feldes und den Widerstand der Drahtwindungen, welche jenen umgeben sollen.

. Wir rechnen mit jenen bekannten Größen erstens nach. Formel 5 die Drahtstärke für die Stelle größter Intensität aus und wählen die Stärke für die übrigen Stellen proportional der Quadratwurzel aus dem umgekehrten Verhältniſs der Intensitätsänderungen. Wir erhalten unter dieser Voraussetzung eine Reihe von hintereinandergeschalteten Drahtwickelungen, deren Gesammtwiderstand gleich dem der Rechnung zu Grunde liegenden ist. Hierbei treten folgende Verhältnisse ein.

Der Widerstand jeder Theilwickelung ist proportional dem Quadrate der Intensitätsänderung an ihrem Orte.

Die Drahtlänge jedes Wickelungsabschnittes ist proportional der Intensitätsänderung.

Die elektromotorische Einzelkraft, welche in einem Abschnitt induzirt wird, ist proportional dem Einzelwiderstande. Das Verhältniſs der elektromotorischen Gesammtkraft zu der elektromotorischen Kraft, welche man bei alleiniger Ausnutzung des Intensitätsmaximums erhält, ist proportional dem Verhältniſs der Summe aus den Quadraten der Intensitätsänderungen zum Quadrat der Intensitätsänderung im Abschnitt größter Intensität, multiplizirt mit dem Verhältniſs der Quadrate der Drahtstärken für diese Stelle, d. h.

$$\frac{E_1}{E} = \frac{\Sigma m^2}{m_0{}^2} \cdot \frac{g^{12}}{g_0{}^2},$$

wo E_1 und g_0 für vollständige Ausnutzung des Feldes gilt, E und g^1 für die gewöhnliche.

Graphisch können wir uns diese letzte, wichtigste Beziehung, wie folgt, darstellen (Fig. 2). Wir wählen ein dreiachsiges Koordinatensystem und zeichnen in die XY-Ebene die Kurve der Intensitäten ein, derartig, daſs die Y-Koordinaten die Intensitätsänderung an der betreffenden Stelle der magnetischen Achse bedeuten. Ebenso verfahren wir in der XZ-Ebene und erhalten durch Erzeugung allgemeiner Cylinderflächen längs jener Kurven, mit zu den betreffenden Ordinaten der anderen Kurvenebene paralleler Erzeugender, einen Körper, dessen Inhalt proportional der elektromotorischen Kraft ist. Nutzen wir nur einen Theil des Feldes aus, z. B. von O bis A, so drückt der Körperabschnitt $OABCDEF$ die dabei zu erhaltende elektromotorische Kraft aus.

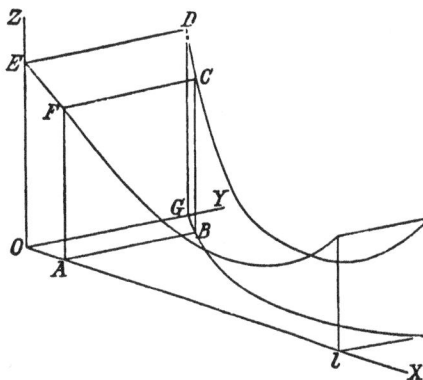

Fig. 2.

Man sieht auf den ersten Blick, daſs die vollständige Ausnutzung des ganzen magnetischen Feldes um so vortheilhafter ist, je gleichförmiger jenes ist. — Die letzt angewandte Betrachtung gilt jedoch ohne Weiteres nur, wenn die räumliche Ausdehnung des auszunutzenden Feldes überall gleich ist, andernfalls kommt noch ein Faktor des Rauminhaltes zu den einzelnen elektromotorischen Kräften.

2*

Wir haben in unserer Formel 5 die Voraussetzung gemacht, dafs die räumliche Form jedes Wickelungsabschnittes und seine Größe dieselbe sei. Dies wird im Allgemeinen nicht zutreffen, denn die Weite der Windungen wird für verschiedene Abschnitte verschieden ausfallen. Den genannten Umstand berücksichtigen wir jedoch einfach indem wir die ganze Summe aus Einzelsummen zusammensetzen, innerhalb deren die Windungsmaße konstant sind, und jede mit dem entsprechenden Faktor der Größe versehen, d. h. wir ersetzen jene Formel durch

$$6. \quad g_0{}^4 = \frac{4\,b}{1{,}44\,w \cdot 60\,000\,m_0{}^2} \left[\left(\sum_{i=1}^{r} m_i{}^2 \right) a_1\,(a_1 + c_1) + \left(\sum_{r}^{s} m_i{}^2 \right) a_2\,(a_2 + c_2) + \sum_{s} \ldots \ldots \right],$$

indem wir die Breite überall konstant erhalten, da dieselbe nur nach Rücksichten der Ausführung bemessen ist.

Damit ist die Theorie, soweit sie Telephone betrifft, vollkommen erledigt. Bei Dynamomaschinen erfordert die Theorie zwar ganz dieselben Verhältnisse, auch hier mufs der Widerstand jedes Raumelementes proportional dem Quadrate der Intensitätsänderung an seinem Orte gemacht werden, die Ausführung kann aber hier prinzipiell nicht dieselbe sein, da die Wickelungsraumelemente fortwährend ihren Ort ändern. Vielmehr könnte man hier nur durch eine selbstthätige Schaltung annähernd das Ziel erreichen, indem man die Wickelungsabschnitte bald parallel, bald hintereinander schaltet.

Die bisherigen Rechnungen bezogen sich alle auf den Fall, dafs es sich darum handelt, ein magnetisches Feld vollkommen zur Induktion auszunutzen. Es erweist sich jedoch mit den Betrachtungen nach Kapp durchaus eng verknüpft, dafs ein nach den vorstehenden Regeln ausgeführtes Telephon auch besser wirken wird, wenn wir es als Empfänper benutzen.

Hätten wir nämlich nur eine Windung, so wäre es sofort klar, wohin wir diese legen müfsten, um durch einen hindurchgehenden Strom möglichst viele Kraftlinien zu erzeugen, natürlich an die Stelle der größten Streuung; denn so ist jede Streuung für die durch diese Windung erzeugten Kraftlinien ausgeschlossen.

Wie aber selbstverständlich, giebt die Induktion in den Windungen eines Telephons uns ein klares Bild von der Streuung. Denn seiner Natur nach lediglich auf die Streuung basirt kennzeichnet das Sprech-Telephon die Stelle stärkster Streuung durch die stärkste Wirkung der hier liegenden Windungen.

Ob wir nun aber den Magneten als Telephonmagneten oder zu sonst einem Zwecke magnetisiren wollen, ist gleichgültig, falls wir eine starke Entwickelung der Kraftlinien am Pol wünschen, die erörterte Wickelungsausführung wird also berufen sein, auch hier zu verbessern, wenn wir auch nicht im Stande sind, zu beweisen, dafs sie die zweckmäßigste ist. Jedenfalls aber werden sowohl Hörtelephone als Dynamomaschinen etc. besser wirken, wenn wir ihnen eine ähnliche Anordnung geben.

Wir wollen aus diesem Grunde diesen Punkt hier näher erörtern, welcher sich an das Vorige eng anschließt.

Ehe wir zur Sache selbst übergehen, ist einiges zum allgemeinen Verständnifs Nöthige hervorzuheben.

Man bewickelt jetzt im allgemeinen Elektromagnete überall bis zu gleicher Dicke. Würde man hierbei das Maximum der Wirkung erzielen, so würde daraus folgen, daſs der Einfluſs, den eine vom Strom durchflossene Drahtwindung auf die Magnetisirung des Eisenkernes hat, an allen Stellen der magnetischen Achse gleich und unabhängig von der Anzahl der dort vorhandenen Windungen ist. Beides kann aber nicht der Fall sein, wie aus den Ergebnissen folgt, die ich mit der Ausführung der von mir theoretisch abgeleiteten Wickelung erhalten habe. Würde man nun aber die Abhängigkeit jener Faktoren von einander kennen, so könnte man damit eine vollkommene Theorie aufstellen.

Für uns genügt es, von anderer Seite her die Sache anzufassen. Würden wir nämlich einen Telephonmagneten behufs Errichtung des Maximums nicht mit Drahtwindungen von variabler Dicke und konstantem Durchmesser bewickeln, sondern die Drahtdicke konstant erhalten, aber die Anzahl der Windungen variiren, so müſste hierbei die Stelle gröſster Intensitätsänderung die meisten Windungen erhalten, und zwar kommen wir dem Maximum am nächsten, wenn wir das, was gleichsam störend auftritt, nämlich den Widerstand nach dem früheren Prinzip bemessen.

Die Anwendung einfach derselben Art von Bewickelung, wie bei Telephonen, nach der früher erörterten Abstufung der Drahtdicke ist von vornherein aus dem Grunde zu verwerfen, weil wir die Anzahl der Windungen wesentlich verringern, wenn wir den Magneten anstatt, wie gewöhnlich, mit Draht gleicher Dicke, mit ungleichartigem bewickeln. Zwar auch bei ungleich starker Bewickelung mit demselben Draht verringern wir ein wenig die Anzahl der Windungen, aber hier fällt dies nicht sehr ins Gewicht, während wir dort eine Verringerung z. B. auf $\frac{2}{3}$ finden können.

Nachdem wir zu dem Schluſs gekommen sind, daſs der Widerstand im alten Funktionsverhältniſs zur Intensität stehen soll, können wir nunmehr für den bestimmten Fall, daſs uns die Kurve der Intensität $m = f(x)$ gegeben ist, mit ihrer Hülfe die Dicke bestimmen, bis zu welcher wir an jeder Stelle den Draht wickeln müssen. Die Ausrechnung von Widerständen fällt selbstverständlich hier ganz fort.

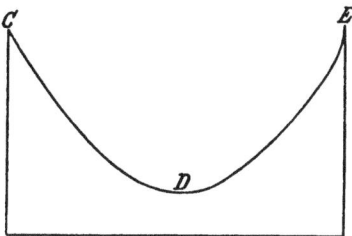

Fig. 3.

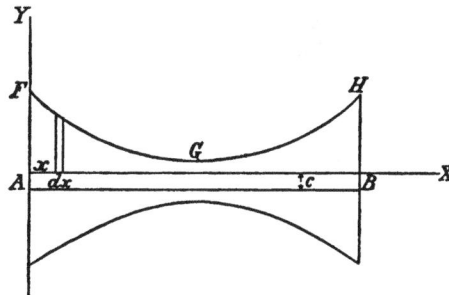

Fig. 4.

Es ist uns gegeben: Die Länge AB des Magneten und seine Dicke c, auſserdem die Kurve CDE der Streuung, welche der Magnet bei der betreffenden Magnetisirung zeigt. Zu finden ist: die Kurve FGH, welche die Drahtwindungen profilirt (Fig. 3 u. 4).

Wir legen AB in die X-Achse eines rechtwinkligen Koordinatensystems, so daſs das Ende A in den Nullpunkt fällt und die Höhen der Wickelung Ordinaten werden.

An der Stelle x greife ich das Wickelungsstück von der Länge dx heraus; die zugehörige Ordinate ist y. Der Widerstand dieses Wickelungsstückes ergiebt sich dann

$$dw = dx \cdot \frac{y(y+c) \cdot 4}{60\,000 \cdot 1{,}44 \cdot g^4} = A \cdot m^2 \cdot dx,$$

wo A eine Konstante ist. Daraus folgt

$$y(y+c) = \frac{A}{4} \cdot 60\,000 \cdot 1{,}44 \cdot g^4 \cdot m^2 = B \cdot m^2, \; B \text{ konstant.}$$

Zur Bestimmung von y haben wir demnach die Gleichung

$$y^2 + y \cdot c - B\,m^2 = 0$$

und y selbst aus

7. $$y = -\tfrac{1}{2}(c \pm \sqrt{c^2 + 4\,B\,m^2}), \text{ wo}$$

$$B = \frac{A}{4} \cdot 60\,000 \cdot 1{,}44\,g^4 \text{ zu setzen ist.}$$

Die Konstante A wird, wie folgt, gefunden:

Der Gesammtwiderstand ist

$$w = \int dw = A \int_0^l m^2\,dx \text{ gegeben,}$$

es folgt 8. $$A = \frac{w}{\int_0^l m^2\,dx} = \frac{w}{\int_0^l [f(x)]^2 \cdot dx}.$$

Aus früher besprochenen Gründen ist hier in der Praxis das Integral wieder durch eine Summe zu ersetzen. Bei endlicher Anzahl von Windungen ist zu nehmen statt $\int_0^l [f(x)]^2\,dx$ $\sum_{i=1}^{n} m_i^2 \cdot b$, worin die Variable m_i die mittlere Intensität für die endliche Strecke b ist.

Zu berechnen ist also

$$A = \frac{w}{b \sum_{i=1}^{n} m_i^2}$$

und y aus Gleichung 7.

Die Kurve, welche man für das Profil der Wickelung erhält, ist ähnlich derjenigen für den Verlauf der Kraftlinienstreuung und im allgemeinen nach der Achse hin konvex gekrümmt.

Es erübrigt nur noch darauf hinzuweisen, daß diese Kurve auch diejenige ist, welche, wie oben angedeutet, für Induktion anzuwenden ist, falls man Draht von gleichförmiger Stärke anwenden will und dabei nicht im Raum beschränkt ist. Aus diesem Grunde ist dies die Wickelung für Induktionsapparate nach Ruhmkorff und ähnliche. Nur ist hier, da die Gesammtintensität wirkt und nicht, wie beim Telephon, die Streuung, die Drahtwickelungshöhe in der Mitte am größten.

Praktische Ausführung der Wickelung.

Im Vorstehenden haben wir die Theorie besprochen, soweit es sich um allgemeine Anwendung handelt. Was die Praxis selbst betrifft, so ist darüber noch Einiges zu sagen.

Wie sich aus der ganzen Entwickelung ergiebt, handelt es sich vor allem darum, von dem betreffenden Exemplar eines Magneten, den wir praktisch verwerthen wollen, die Vertheilung des magnetischen Feldes kennen zu lernen. Uns fällt dementsprechend zunächst die Aufgabe zu, die Intensität des Feldes längs der magnetischen Achse zu verfolgen und ihre Größe festzustellen.

Die besagte Messung gelingt uns praktisch leicht aus folgenden Gründen. Wir brauchen erstens nur die relativen Werthe der Intensitätsänderungen zu kennen und zwar bei derjenigen Manipulation, welcher die Vorrichtung später bei ihrer Benutzung unterworfen werden soll. Zweitens aber bietet sich als einfaches Mittel, die Größe der Intensität festzustellen, die Induktion von elektrischen Strömen in einem um die magnetische Achse kreisförmig gelegten Leiter. Und so kommen wir dazu, die ganze Messung auf die Messung elektrischer Ströme zurückzuführen, welche weiter keine Schwierigkeiten verursacht. Allerdings gebietet uns der Umstand, daß wir Momentanströme zu beobachten genöthigt sind, gewisse spezielle Versuchsanordnungen zu treffen. Die Ausführung dieser Aufgabe gestaltet sich demgemäß in der nachstehend beschriebenen Weise.

Wir wählen gleich das spezielle Beispiel des Telephonmagneten. Dieser ist entweder ein permanenter, oder er wird von einem elektrischen Strome von absoluter Konstanz erregt. Ferner ist der Magnet so angeordnet, wie er zum Gebrauche bestimmt ist; vor seinem einen, oder vor beiden Polen befindet sich eine Eisenmembran. Wir umgeben jetzt den Magneten mit einer kurzen Drahtspule, deren Dimensionen, mit Ausnahme der Länge, diejenigen sind, welche die Wickelung später erhalten soll.

Dieses Solenoid setzen wir zunächst ganz nahe dem Pol und erzeugen jetzt durch eine dem wirklichen Vorgang im Telephon möglichst entsprechende Verstärkung des Magnetismus in jenem einen elektrischen Strom. Jene Verstärkung erreicht man unter Umständen sehr gut durch Berührung der Eisenmembran an der Stelle, wo der freie wirksame Pol ihr gegenübersteht, mit einem Eisenstift. Dieser hat durch seinen Druck auf die Platte dieselbe Wirkung wie eine rein mechanische Annäherung der Membran an den Pol, und man vermeidet dabei Unregelmäßigkeiten, die man erhält, wenn man die Membran z. B. durch Belastung dem Pole nähert. Die durch jene Annäherung des — selbstverständlich durch Hebelübertragung geleiteten — Eisenstiftes erzeugte Elektrizitätsscheidung benutzen wir nun, um in einem Galvanometer mit langsamer Schwingung und schwacher Dämpfung eine Ablenkung hervorzubringen. Da es sich um sehr schwache Momentanströme handelt, so wenden wir die Multiplikationsmethode an und erhalten so durch abwechselndes Nähern und Entfernen des Stiftes, der praktisch ein kleiner Drahtnagel ist, ein Maximum des Ausschlages.

Mit derselben Messung, welche wir am Pol ausgeführt haben, fahren wir an den übrigen Stellen der magnetischen Achse fort und erhalten so eine Reihe von Ausschlägen, deren Vergleich uns bei Anwendung nur einer Induktionsrolle direkt, bei Verwendung mehrerer dagegen erst unter Zuhülfenahme von gewissen Rechnungsfaktoren den Verlauf des magnetischen Feldes angiebt.

Es empfiehlt sich, diesen praktisch darzustellen, indem wir beliebige Vielfache jener Zahlen als Millimeter in Koordinatenpapier eintragen und die Kurve verzeichnen.

Der analytische Ansdruck für diese Kurve wäre $m = y = f(x)$ nach unserer früheren Bezeichnung.

Es bleibt noch übrig anzugeben, was unter jenen oben erwähnten Rechnungsfaktoren zu verstehen ist. Wenn wir nämlich in den Galvanometerkreis einmal die eine Rolle, das andere Mal eine andere einschalten, so haben wir damit erstens zwei verschiedene Dämpfungen und zweitens zwei verschiedene Proportionalitäten mit der magnetischen Intensitätsänderung. Den Einfluß aber, den jene Verschiedenheit hat, können. wir berechnen.

Wir bezeichnen mit

A_1 den Maximalausschlag mit der einen,

A_2 mit der anderen Spule,

k_1 und k_2 die entsprechenden Dämpfungsverhältnisse,

α_1 und α_2 den ersten Ausschlag nach der Ruhe des Spiegels,

so berechnet sich

$$\frac{\alpha_2}{\alpha_1} = \frac{A_2}{A_1} \cdot \frac{k_2 - 1}{k_1 - 1} \cdot \sqrt{\frac{k_1}{k_2}}.$$

Die Mengen der durchgeflossenen Elektrizität, Q_2 und Q_1 stehen im Verhältniß

$$\frac{Q_2}{Q_1} = \frac{\alpha_2}{\alpha_1} \sqrt{\frac{k_2}{k_1}} = \frac{A_2}{A_1} \frac{k_2 - 1}{k_1 - 1},$$

endlich die elektromotorischen Kräfte E_1 und E_2

$$\frac{E_2}{E_1} = \frac{Q_2}{Q_1} \cdot \frac{w_0 + w_2}{w_0 + w_1},$$

wo w_0 den Widerstand des Galvanometers, w_1 und w_2 die Widerstände der Spulen bedeuten.

Es ist also das Verhältniß $\frac{E_2}{E_1}$ aus der Gleichung zu finden:

$$\frac{E_2}{E_1} = \frac{A_2}{A_1} \cdot \frac{k_2 - 1}{k_1 - 1} \cdot \frac{w_0 + w_2}{w_0 + w_1} \quad \ldots \ldots \text{ I.}$$

Um daraus die magnetischen Intensitäten zu finden, ist noch das Verhältniß der Drahtlängen L_1 und L_2 einzuführen.

Wir haben aber

$$\frac{L_1}{L_2} = \sqrt{\frac{w_2}{w_1}}, \text{ falls die Längen nicht direkt bekannt sind.}$$

Die Schlußformel lautet also

$$\frac{m_2}{m_1} = \frac{A_2}{A_1} \cdot \frac{k_2 - 1}{k_1 - 1} \cdot \frac{w_0 + w_2}{w_0 + w_1} \cdot \sqrt{\frac{w_2}{w_1}} \quad \ldots \ldots \text{ II.}$$

Nachdem wir nun mit Hülfe der Formeln I oder II die wirklichen magnetischen Verhältnisse festgestellt haben, ist uns alles gegeben, was wir zur weiteren Rechnung bedürfen.

Wir setzen jetzt nach praktischem Gutbefinden einen Gesammtwiderstand für die Wickelung fest, einen Widerstand der so groß ist, als wir ihn bei einem gewöhn-

lichen Telephon machen würden, z. B. = 200 Siemens; diesen Werth werden wir dann
bei der wirklichen Ausführung mehr oder weniger erreichen, je nachdem wir die Einzel-
widerstände abgleichen oder einfach die Spulen vollwickeln. Als solche verwenden
wir sehr dünn ausgedrehte Holzspulen oder Spulen aus Metall, welche
der Länge nach aufgeschnitten sind. Die in die Rechnung einzu-
führende Länge der Einzelspulen ist durch die Zwischenräume
gegeben, so daß in Folge dessen schmale Streifen des magnetischen
Feldes an den Stellen unausgenutzt bleiben, wo die Leisten stehen.
Die Gestalt einer solchen Spule veranschaulicht die nebenstehende
Skizze (Fig. 5).

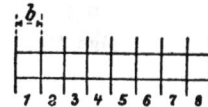

Fig. 5.

Die Breite jeder Einzelspule ist b, und es sind hier z. B. 8 solche vorhanden,
welche zusammen ein Stück bilden. Denken wir uns bei 1 den Pol, so werden von hier
mit g_0 anfangend die Drahtstärken zunehmen. b ist praktisch etwa 8 bis 10 mm.

Wir kennen also jetzt nach obiger Methode die Intensitätsänderung für jeden
Abschnitt aus unserer verzeichneten Kurve in Millimetern und gehen nunmehr auf Gleichung 5 beziehungsweise 6 zurück. So erhalten wir g_0. Zu bemerken ist hierbei jedoch,
daß die Größe 1,44, welche in den Gleichungen auftritt, nicht genau feststeht, sondern
je nach der Art der Bewickelung durch andere zu ersetzen ist. Dies gilt ganz besonders
dann, wenn es sich um mit Baumwolle besponnene Drähte handelt, wie bei Elektro-
magnetwickelungen. Auch ist jene Größe nicht einfach das Quadrat derjenigen Zahl,
welche das Verhältniß der Drahtdicken, besponnen zu unbesponnen ausdrückt, sondern
eine größere; der Grund ist das Einsinken der späteren Drahtwindungen in die früheren.

Mit der Ausrechnung von g_0 ist jetzt alles erledigt. Wir haben uns nur noch
die anderen Drahtstärken aus den Wurzeln der Intensitäten im Verhältniß zu g_0 zu
berechnen und wählen für die Ausführung solche Dicken, die den ausgerechneten am
nächsten liegen.

Das zuletzt beschriebene Verfahren gilt für alle Arten von Telephonmagneten.
Es folgen jedoch aus unserer theoretischen Betrachtung Beziehungen, welche uns darauf hinführen, gewisse Magnetformen ganz besonders zu bevorzugen.

In der Erwägung, daß Elektromagnete bei weitem leichter von größerer Stärke
sich herstellen lassen als Stahlmagnete, und daß die Aufstellung einer kleinen Batterie
keine Schwierigkeiten macht, und selbst bei den früher gebräuchlichen Siemens-Tele-
phonen der deutschen Reichspost zum Anruf sich nicht umgehen ließ, habe ich dem
Romershausen'schen Elektromagneten den Vorzug vor allen anderen zuerkannt. Ich
füge aber gleich hinzu, daß auch Stahlmagnete nach ähnlicher Form vorzügliche Re-
sultate liefern.

In jedem Fall ziehe ich es vor, anstatt beide Pole der Eisenmembran frei gegen-
überstehen zu lassen, den einen in nahezu metallisch-magnetische Berührung mit ihrem
Rande zu bringen, während der andere der Mitte gegenübersteht, obgleich mir auch
die Anwendung eines den mittleren Pol kreisförmig umgebenden, freistehenden Poles
nicht unzweckmäßig erscheint.

Die Form des Romershausen'schen Magneten ist aus zwei Gründen zu bevorzugen; erstens werden fast sämmtliche von dem Magnetisirungssolenoide erzeugten

3

Kraftlinien durch die Eisenmasse eingeschlossen, zweitens aber ist das Feld innerhalb sehr ausgedehnt, und wir sahen, daſs das von hohem Werth ist. Ich lege die Magnetisirungsspirale so, daſs zwischen ihr und sowohl dem Mittelstabe, als auch der äußeren Eisenhülle ein freier Raum bleibt. Beide Stellen werden mit Induktionswindungen erfüllt.

Das Versuchsexemplar, mit Hülfe dessen ich die Kurve $m = f(x)$ festgestellt habe, besaß folgende Ausführung:

Ein 7 mm dicker Schmiedeeisenstab ist durch verstellbare Verschraubung mit Gegenmutter in einer kreisförmigen Eisenplatte von 7 mm Dicke und 63 mm Durchmesser befestigt. Jene Platte verschließt das eine Ende eines Rohres aus 2 mm dickem Eisenblech und wird durch einen warm aufgezogenen Ring festgehalten. An den freistehenden, umgekanteten Rand des Cylinders ist ein Ring von 95 mm äußerem Durchmesser genietet, welcher am äußeren Rande eine 7 mm breite vorstehende Kante besitzt. Eine auf dieser aufliegende Telephonmembran verschließt das Ganze so, daſs die Mittelstange mit freiem Pol ihrer Mitte gegenübersteht. Der ganze Magnet besitzt eine Höhe von 113 mm.

Behufs Benutzung als Telephon ist es nothwendig die Eisenmassen durch Schlitzen oder dergl. zu theilen.

Die Absicht, das magnetische Feld gleichförmiger zu gestalten, als es sich bei der Untersuchung eines solchen Exemplares ergab, hat mich zu einer weiteren Neuerung in der Gestalt der Telephonmagnete geführt.

Die von mir von Januar bis August 1887 im physikalischen Laboratorium der Königl. technischen Hochschule Berlin ausgeführten Beobachtungen haben meine Erwartungen und Vermuthungen bestätigt.

Ich nahm an, daſs das magnetische Feld, welches sich an den Polen zu großer Höhe erhebt, in der Mitte aber zwischen diesen, d. h. beim Romershausen'schen Magneten an der der Membran abgewandten Seite, sehr geringe Intensität zeigt, sich durchweg heben ließe, wenn ich die Eisenmasse längs der Achse mehrmals durch Querschnitte theilte. Auf diese Weise, also indem ich gleichsam den Magneten aus Theilmagneten zusammensetze, deren Endflächen sich berühren, erwartete ich eine Hebung des Feldes an diesen Trennungsstellen, wo jetzt eine Art von freien Polen sich befindet. Außerdem wählte ich hierzu eine dickere Mittelstange.

Die Versuche haben meine Erwartung insofern zwar nicht bestätigt, als ich eine gewellte Kurve zu erhalten vermuthete, doch ist der Erfolg ein überraschend günstiger. Die neue ebenso gleichmäßig wie die frühere verlaufende Kurve zeigt ein durchweg starkes magnetisches Feld. Anstatt, daſs, wie früher die Intensität in der Mitte nahezu auf Null herabgeht, hat dieselbe jetzt hier einen namhaften Werth.

Tafel I Fig. 1 zeigt den Verlauf der Kurven, A für den 7 mm dicken Mittelstab aus einem Stück, B für einen zweifach getheilten von 13 mm Dicke.

Einen ähnlichen Verlauf zeigt die Kurve, welche von einem M-förmigen Stahlmagneten erhalten ist, dessen drei Stäbe ebenfalls durch Querschnitte in Einzelstücke zerlegt waren.

Der Grad, bis zu welchem man die schwächeren Stellen des Feldes praktisch ausnutzen will, ist willkürlich; jedenfalls wird man, anstatt auch an den schwächsten Intensitätsstellen Draht anzuwenden, der hier verhältnismäßig sehr stark ausfällt, hier die Wickelung fortlassen und nur bis zu einer Drahtdicke ansteigen, die von g_0 nicht allzu verschieden ist, z. B. doppelt oder dreimal so groß. Nach den früheren Festsetzungen ist in diesem Fall die Wirkung der schwachen Stellen, abgesehen vom Rauminhalt $\frac{1}{81}$ bis $\frac{1}{16}$ so groß, wie bei g_0.

So weit zum Verständnis der Anwendung der Wickelungstheorie auf Telephonmagnete.

Was die Armatur der Dynamos betrifft, so kann es sich hier überhaupt nur um eine selbstthätige, praktisch jedoch nicht anwendbare Schaltung handeln.

Die Anordnung ist z. B. so, daß die einen Enden der Spulen an einen Kollektor münden, die anderen an einen daneben angeordneten. Die Verbindung geschieht durch eine Reihe von Bürsten, deren je vier an jeder neutralen Stelle nur einen Kollektor schleifen, während die übrigen beide berühren. Auch in mehrfach variirter Art läßt sich das Gewünschte erreichen. Allerdings erhält man stets eine ziemlich komplizirte Anordnung.

Die Anwendung der zweiten Wickelungsart erstreckt sich auf Induktionsapparate für Voltainduktion und Elektromagnete. Hier wird also die Stelle größerer Wirksamkeit mit mehr Draht umgeben. Für die praktische Ausführung gilt hier bezüglich der Untersuchung des magnetischen Feldes das früher Besprochene. Wieder haben wir in einer Induktionsrolle Ströme zu induziren und ihre Stärke zu messen. Genau genommen muß für jede Stelle der magnetischen Achse eine besondere Spule angewendet werden, doch kann man sich auch behelfen aus den mit einer Spule gefundenen Mittelwerthen der Intensität das Intensitätsmittel für die später anzuwendende Ausdehnung der Wickelung an jeder Stelle zu berechnen, indem man radiär gleichförmige Ausbreitung der Kraftlinien annimmt.

In jedem Fall erhält sowohl Induktionsapparat, als Elektromagnet die früher beschriebene Art der Wickelung mit einer Anhäufung der Drahtlagen an den Polen beziehungsweise in der Mitte.

Es bleibt nicht ausgeschlossen, für Induktionsapparate auch die früher besprochene Art der Wickelung mit verschiedenen Drahtstärken anzuwenden, falls man die Dicke einer solchen Rolle überall gleich halten will; in diesem Fall ist das Verfahren genau wie bei Telephonen.

Erfolg bei Anwendung der neuen Wickelung. Prüfung der Theorie.

Nachdem wir darüber orientirt sind, wie wir die für die Ausführung der neuen Wickelung nothwendigen Daten berechnen, und wie wir uns in der Praxis selbst verhalten müssen, kommen wir nunmehr dazu, den Erfolg, welchen wir mit der fraglichen Neuerung erzielen, rechnerisch und praktisch zu prüfen.

Beides läfst sich prinzipiell leicht ausführen, doch mag gleich erwähnt werden, dafs die praktische Prüfung sich etwas schwieriger gestaltet, als man von vornherein erwarten sollte.

Bezüglich der rechnerischen Prüfung eines Telephons kann es sich selbstverständlich nur um den Vergleich der elektromotorischen Kräfte handeln, welche dasselbe Telephon einmal bei gewöhnlicher Anordnung, das andere Mal mit der besprochenen Wickelung liefert. Der Widerstand bleibt unverändert, und den Selbstinduktionskoeffizienten des Telephons lassen wir unbeachtet.

Da wir also in beiden Fällen denselben Magneten haben müssen, und wir nur von dem Romershausen'schen Magneten den Verlauf des magnetischen Feldes genau kennen, so bleibt nur die Möglichkeit, für diesen die Betrachtung durchzuführen. Dieselbe hat aber natürlich mit derselben Gültigkeit auch auf andere Formen Anwendung.

Wir vergleichen also die relativen Werthe der elektromotorischen Kraft, welche in den Windungen induzirt wird: 1. wenn nur wie gewöhnlich der Pol von diesen umgeben ist; 2. wenn wir bis zu einer gewissen Drahtstärke das ganze magnetische Feld innerhalb der Glocke mit Windungen erfüllen.

Den Widerstand nehmen wir zu 200 Siemens an. Nun berechnen wir entweder die Summe der Quadrate der magnetischen Intensitäten von Spule zu Spule und vergleichen diese mit dem Quadrate der Intensität am Orte der ersten, resp. ersten beiden — je nachdem man bei gewöhnlicher Anordnung die Spule ausdehnen würde — oder wir berechnen die wirklichen Drahtdicken und nähern nach einer Tabelle der industriell gefertigten Drahtsorten die theoretischen Werthe an. Berechnen wir dann mit diesen Dicken und der von jeder Sorte dem Einzelwiderstande entsprechenden Länge die elektromotorischen Kräfte, so erhalten wir den der Praxis entsprechenden Werth, welcher etwas geringer ausfällt, als der erste.

Das bei weitem einfachere erste Verfahren führe ich hier an. Wir bedürfen für dasselbe außer den magnetischen Intensitäten nur der Drahtdicken g_0 am Pol für meine Wickelung und g' für eine gewöhnliche Induktionsspule. Das Verhältnifs der Quadrate von g_0 und g' ist als verringernder Faktor für das Güteverhältnifs beider Wickelungen einzuführen, d. h. die elektromotorischen Kräfte (C) nach meiner Wickelung und (G) nach der gewöhnlichen verhalten sich

$$\frac{(C)}{(G)} = \frac{\sum\limits_{i=0}^{n} (r_i m_i{}^2)}{\sum\limits_{i=0}^{x} (r_i m_i{}^2)} \cdot \frac{g'{}^2}{g_0{}^2}$$

In dieser Gleichung bedeuten die Größen r_i die Raumerfüllung für die einzelnen Drahtspulen, die Summe im Nenner geht von $i=o$ bis $i=x$ je nach der Länge der Spule beim gewöhnlichen Telephon.

Bei dem Romershausen'schen Magneten A habe ich nun folgende Werthe des magnetischen Feldes erhalten:

Um die Mittelstange

213 148 102 66 41 26 16 etc.

Außerhalb der Magnetisirungsspirale:

64 50 38 27 18 etc.

Nenne ich r_2 die Raumerfüllung jeder äußeren Spule, r_1 die jeder innern, so ist

$$\frac{r_2}{r_1} = 2{,}2.$$

Die Quadrate der Intensitäten sind,

innen:

45 369   21 904   10 404   4356   1681   676   256

außen:

4096   2500   1444   729   324

Die letzten Zahlen mit dem Faktor $\dfrac{r_2}{r_1} = 2{,}2$ multiplizirt lauten:

9011   5500   3177   1604   713.

Es wird demnach in unserem Fall

$$\sum_{i=0}^{n} (r_i\, m_i{}^2) = 104\,651.$$

Setzen wir nun voraus, daß bei gewöhnlicher Anordnung die Spule so lang wäre, wie zwei Einzelspulen, so ist

$$\sum_{i=0}^{x} (r_i\, m_i{}^2) = \sum_{0}^{2} (r_i\, m_i{}^2) = 67\,273.$$

g_0 ist 0,1312 mm, $g' = 0{,}1287$ mm.

Demnach wird das Güteverhältniß:

$$\frac{(C)}{(G)} = 1{,}497.$$

Wir sehen also, daß der gewöhnliche Romershausen'sche Magnet mit meiner Wickelung ca. 1,5 mal so stark wirkt, wie bei gewöhnlicher Anordnung. Man übersieht auf den ersten Blick, daß dieses Verhältniß sich noch weit günstiger bei Anwendung der modifizirten Form B gestaltet.

Das Obige ist ein Vergleich auf der Grundlage der Rechnung. Interessant ist es nun jedenfalls, den Vergleich auch praktisch an einem Versuchsexemplar durchzuführen.

Dies geschieht einfach, indem man bei demselben Exemplar eines Telephons das eine Mal bei gewöhnlicher Wickelung, das andere mit der theoretisch richtigen die auftretende elektromotorische Kraft mißt.

Ich habe diese Messung an dem Romershausen'schen Elektromagneten mit voller Mittelstange ausgeführt, doch muß ich von vornherein bemerken, unter für meine Wickelung ungünstigen Umständen, da ich bei dem Versuchsexemplar die Drahtspulen nicht bis nahe genug an die Pole, beziehungsweise die Membran bringen konnte. Die Drahtwindungen waren vielmehr aus ihrer eigentlichen Lage etwas verschoben, so daß sie an Stellen geringerer Intensität standen, während die Spule (G) ihren richtigen Platz hatte.

Beide Wickelungen besaßen genau gleichen Widerstand = 199 Ohm.

Der Vergleich der elektromotorischen Kräfte ergab nach der besprochenen Methode

$$\frac{(C)}{(G)} = 1{,}360,$$

ein Werth, welcher hinter dem theoretischen aus dem Grunde zurückbleibt, weil die richtigen Verhältnisse nicht genügend getroffen werden konnten, und vor allem, weil, wie bereits erwähnt, die Spulen einen unrichtigen Platz hatten. Bei der schnellen Abnahme aber, die das magnetische Feld von den Polen ab zeigt, ist dies von ungeheuerem Einfluſs.

Auch am Elektrodynamometer habe ich nachgewiesen, daſs ich mit meiner Wickelung mehr erhalte. Da ich jedoch gezwungen war, das Telephon hierbei durch Anblasen mit der Siemens'schen Trompete zu erregen, so war eine genaue Messung ausgeschlossen.

Später habe ich noch ein anderes Exemplar eines solchen Romershausen'schen Telephonmagneten gemessen, bei welchem die Verhältnisse besser erreicht waren und von welchem ich auch die absolute Größe der bei Niederdrücken der Membran induzirten elektromotorischen Kraft anzugeben im Stande bin, da ich diese Messung im elektrotechnischen Laboratorium des Herrn Prof. Dr. Slaby mit dem noch später zu besprechenden Instrument ausführte, welches ich nach absolutem Maß geaicht hatte.

Die elektromotorischen Integralkräfte betragen bei Anwendung einer Klemmenspannung von ca. 1,4 Volt an der primären Drahtrolle für die theoretische Wickelung

$$E = 0{,}03702 \text{ Volt,}$$

für die gewöhnliche Wickelung

$$E = 0{,}0254 \text{ Volt.}$$

Damit berechnet sich das Güteverhältniſs

$$\frac{(C)}{(G)} = \frac{0{,}03702}{0{,}0254} = 1{,}46.$$

Wie man sieht, ist hier der Erfolg dem theoretisch möglichen bedeutend näher, als bei der ersten Ausführung.

Im Anschluſs an die Frage der Wickelung besprechen wir im Weiteren:

Die Gesetze des Telephonbaues.

Die Aufklärung, welche uns die vorstehende ganze Rechnungsdurchführung über den Grad der Ausnutzung des magnetischen Feldes bei magnetischen Anordnungen geliefert hat, führt uns naturgemäß zu weiteren Erwägungen darüber, welche Bedingungen bei einem Telephon — denn wir sehen, daſs dies der Hauptrepräsentant dieser Instrumente ist — erfüllt sein müssen, damit es seinem Zwecke regelrecht dienen kann.

Die Frage der Wirkung eines Telephons rechnerisch zu lösen, hat wohl noch Niemand versucht, sonst würde sich wohl die Technik sofort dieser Rechnungsweise bemächtigt haben und sie fortwährend anwenden. Die Möglichkeit aber, solche Betrachtungen rechnerisch verwenden zu können, ist ein Haupterforderniſs.

Ich will daher im Nachstehenden versuchen, in genauer Weise die Erscheinungen, welche sich an jedem Telephon beobachten lassen, festzustellen und zu zeigen, dafs sich diese Verhältnisse ebenso gut, wie die bisher erwähnten, durch die Rechnung verfolgen lassen, so dafs der Techniker von einem Telephon alles ebenso gut vorherberechnen kann, wie von einer Dynamomaschine; dafs ich die Sache hier erschöpfend behandle, zu behaupten, sei mir allerdings fern.

Wir haben bei jedem Telephon zweierlei in seiner Wirksamkeit zu unterscheiden: erstens die magnetische Wirksamkeit, zweitens die mechanisch-akustische.

Diese beiden Theile sind vollkommen und durchaus prinzipiell zu trennen, so dafs wir bei einem unbekannten Telephon nicht im Stande sind, zu beurtheilen, welche von beiden Wirksamkeiten dasselbe gut oder schlecht erscheinen läfst; mit anderen Worten: ein Telephon mit geringen magnetischen Eigenschaften, das aber akustisch vorzüglich gebaut ist, wird uns im Gebrauche ebenso gut erscheinen, wie eines mit ausgezeichneter magnetischer Wirkung, aber ungünstigen mechanischen Bedingungen. Es ist dies ein Punkt, den zu beobachten ich öfters während meiner Versuche Gelegenheit fand.

Die weitaus wichtigere Frage ist durch den magnetischen Theil gegeben, weil die akustische Anordnung nur geringe Abänderungen zuläfst und äußerlich dem Auge des Technikers kontrolirbar erscheint.

Zunächst drängt sich naturgemäß sofort die Frage auf: Ist ein Hörtelephon die voslltändige Umkehrung eines Sprechtelephons? Hierauf ist mit entschiedenem „Nein" zu antworten. Wir werden vielmehr sehen, dafs zwar gewisse Erscheinungen beiden gemeinsam sind, dafs man aber nicht behaupten kann, dafs z. B. ein Hörtelephon deshalb gut sei, weil es sich als ein gutes Sprechtelephon bewähre. Die Wahrheit dieses Ausspruchs kann sich erst im Folgenden erweisen.

Wir gehen also jetzt zur Erörterung des Sprechtelephons.

Wollen wir eine rechnerische Betrachtung zulassen, so ist es natürlich, die Kapp'schen Regeln anzuwenden und dementsprechend sind alle diese Erörterungen auf sie aufgebaut und besitzen eine vollkommene Analogie mit den Rechnungen an Dynamomaschinen.

Was ist aber ein Telephon? — Ein unvollkommen geschlossener Magnet! — Zu allen Erscheinungen also, welche sich an einem solchen in anderen Fällen beobachten lassen, ist das Telephon fähig. Einen Magneten nennen wir aber ungeschlossen, wenn sämmtliche Kraftlinien die Luft durchschneiden, unvollkommen geschlossen, wenn ein Theil der Kraftlinien durch die Luft geht; den den Schlufs bewirkenden Theil nennen wir, wie bekannt, Anker. Diese Bezeichnungen und ähnliche werden im Folgenden stets wiederkehren.

Es fragt sich nun, wie wirkt das Sprechtelephon? Und: Ist es nothwendig, dafs das Telephon Kraftlinienstreuung besitzt? Denn dies gilt doch von jedem halbgeschlossenen Magneten.

Beide Fragen sind mit einander eng verknüpft. Wir sehen nämlich sofort ein, dafs die Kraftlinienstreuung die Grundbedingung für das Telephon ist, denn schon jedes Lehrbuch giebt als Grund der Wirksamkeit die Annäherung des Ankers, d. h.

der Membran an den Magneten an. Nach Kapp heißt dies: Der Magnet, gewöhnlich ein permanenter, besitzt in Folge der Starrheit seines Materials eine gewisse magnetisirende Kraft, diese wirkt in einem Widerstande, gebildet durch den Stahl, die Polschuhe, und einen Luftraum einerseits, sowie einen kurzen Luftwiderstand und den Anker andererseits. Nutzbar werden hier, genau wie bei der Dynamomaschine nur die durch den Anker gehenden Kraftlinien. Bei Annäherung der Membran werden diese Kraftlinien vermehrt, und die Streuung nimmt zugleich etwas ab.

Die Frage, wodurch ein Sprechtelephon wirkt, erledigt sich also dahin: durch seinen Luftwiderstand.

Jedes Telephon aber, welches einen solchen besitzt, hat auch Streuung aufzuweisen, und es folgt: Ein Sprechtelephon ohne Streuung ist unmöglich.

Nehmen wir nun an, daß wir durch Annäherung des Ankers den Luftwiderstand verringern; dann ändern wir zweierlei: Den absoluten Werth des Widerstandes einerseits und die Streuung andererseits.

Die Streuung wird kleiner, weil das Verhältniß der Widerstände geändert wird, aber es gehen jetzt nicht nur entsprechend jenem Verhältniß mehr Kraftlinien durch den Anker, sondern jene Anzahl wird noch weiter um einen Betrag vermehrt, welcher von der Verringerung des Widerstandes herrührt.

Wir haben also zu rechnen, Vermehrung der Kraftlinien durch Verringerung des Widerstandes welche wir Z_w nennen, und Vermehrung der Kraftlinien um eine Größe Z_s, herrührend von der geänderten Streuung.

Zur Berechnung haben wir Folgendes: Ist der innere Widerstand — d. h. der Widerstand längs der Kraftlinien durch den Anker — vorher w, nachher w^1, so ist, falls A die magnetisirende Kraft ausdrückt in Ampèrewindungen,

$$Z_w = \frac{A}{w^1} - \frac{A}{w}.$$

Betrug ferner die Streuung vorher $S\%$, nachher S^1, so ist

$$Z_s = Z\frac{100-S^1}{100} - Z^1\frac{100-S}{100},$$

wo Z und Z^1 die Gesammtzahlen der Kraftlinien vorher und nachher bezeichnen.

Es ist nun aber nicht gleichgültig, wie weit wir den Anker nähern, vielmehr werden die Faktoren Z_s und Z_w in variablem Verhältniß zu einander stehen, wenn die Schwingungsweite abnimmt. Hierüber entscheidet ganz wesentlich der Umstaud, daß der Eisenwiderstand nicht konstant ist, sondern, wie Kapp angiebt, nach dem Tangentengesetz zunimmt. Dies ist allerdings, wie sich später zeigen wird, durchaus nicht der Fall, aber eine ähnliche Beziehung besteht. Wollen wir also die Güte eines Telephons ausdrücken, so haben wir jedem dieser Faktoren noch ein Gewicht zu geben, d. h. die Formel für die magnetische Wirksamkeit des Sprechtelephons lautet

$$G = g_1 Z_w + g_2 Z_s.$$

Daß die Gewichte g_1 und g_2 wirklich sehr verschieden ausfallen können, werden wir bei der analogen Formel, welche sich für das Hörtelephon ergiebt, besonders leicht einsehen. Aber auch hier können wir uns Folgendes vergegenwärtigen.

Ein Telephon besitze einen sehr geringen Eisenwiderstand, dabei aber hohe magnetisirende Kraft und sehr hohen Luftwiderstand. Die Folge wird sein: Ein sehr kleiner Theil der Kraftlinien wird durch den Anker gehen, dagegen sehr viele durch die Luft als Streuung. Setzt man ferner voraus, dafs die Eisentheile eine Sättigung besitzen, zu der ein geringer Widerstand gehört, z. B. $\sigma = 0{,}25$, so wird bei entsprechender, noch mäßiger Durchbiegung der Membran der Luftwiderstand sehr einflufsreich verringert, das Telephon wirkt also mit Z_s und Z_w gut. Die Sättigung hat sich aber jetzt so vermehrt, dafs wir uns an der Stelle der Magnetisirungskurve befinden, an welcher ein sehr schnelles Ansteigen des Widerstandes stattfindet. Biegen wir jetzt, wir wollen annehmen mit doppelter Kraft die Mebran durch, so wird Z_w nicht viel zunehmen können, aber Z_s wächst noch ebenso rapide.

Was folgt, ist also eine Abhängigkeit der Wirksamkeit des Telephons von dem Annäherungsgrade des Ankers, oder von der Intensität der Sprache. Es ist sehr gut denkbar, dafs ein Telephon mäßiges Sprechen — und zwar aus rein magnetischen Gründen — anders wiedergiebt, als lautes; was uns aber hierbei hauptsächlich interessirt, die Gewichte g_1 und g_2 sind variabel anzunehmen und von einander verschieden, falls Z_w und Z_s für eine Normaldurchbiegung bestimmt sind. Aus demselben Grunde ist auch die Stromstärke durchaus nicht auch nur annäherend proportional der Durchbiegung der Membran.

Es bleibt nun noch eine andere Frage zu besprechen, welche gelegentlich des Vortrages von S. Thompson „telephonic investigations in der Society of Telegraph Engeneers and Electricians" lebhafte Erörterung fand, nämlich, wodurch es gerechtfertigt ist, dafs wir den Telephonen einen permanenten Magnetismus geben. Indem ich die dort erwähnten Vermuthungen übergehe, welche nicht zutreffen, will ich nur die Angabe Thompson's erwähnen, mit der er zu beweisen versuchte, dafs jene Nothwendigkeit lediglich durch die geringe Schwingungsdauer der magnetischen Telephonswellen bedingt sei. Er zeigte, dafs ein Induktionsapparat, gespeist mit schwachem Strom, bei schnellen Unterbrechungen schwach induzirt, dafs dagegen der in einem angeschlossenen Telephon wiedergegebene Ton sich verstärkte, sobald eine magnetisirende Hülfskraft hinzugenommen wurde. Dies ist unstreitig der Fall, solange die Sättigung gering ist, wenn aber das Eisen durchweg sehr stark gesättigt ist, wird die Zunahme aufhören. Bei dem von Thompson angewandten ungeschlossenen Magneten wird dieser Fall aber erst bei außerordentlich starker magnetisirender Kraft eintreten, da die Enden des Magneten sonst doch ihre schwächere Sättigung wahren.

In Wirklichkeit spielen zwei Faktoren eine wesentliche Rolle, die Magnetisirungskurve selbst und die Empfindlichkeit für Magnetismus.

Der Anblick der im nächsten Abschnitt mitzutheilenden Magnetisirungskurve (nicht des Tangentengesetzes), lehrt uns, dafs der Widerstand des Eisens anfangs groß ist, dann abnimmt und bis zu einer hohen Sättigung — nämlich weit über $0{,}5$ — zu welcher bereits eine sehr hohe magnetisirende Kraft gehört, gering bleibt und dann erst stark steigt. Ferner aber beobachtet man allgemein, dafs das Eisen bei geringen magnetisirenden Kräften, d. h. also bei geringer Sättigung sich schwer magnetisirt und erst durch Klopfen auf den wahren, der in Frage kommenden Magnetisirung entsprechenden Werth der Kraftlinienzahl gebracht werden kann.

Diese Eigenschaft erstreckt sich jedoch nur etwa bis zur Sättigung 0,06; von da ab sieht man den Magnetismus sich plötzlich ändern, er folgt der magnetisirenden Kraft sofort. Meine späteren Mittheilungen lassen dies erkennen. Hervorzuheben ist hier, dafs dieser Umstand die Variabilität von g_1 und g_2 vermehrt.

Wir finden also, dafs eine ziemlich merkbare Anziehung auf die Membran geäußert werden mufs, damit das Telephon für die gewöhnlichen schnellen Schwingungen brauchbar ist und zwar aus rein magnetischen Gründen. Ebenso verkehrt es aber aus dem genannten Grunde wäre zu sagen, ein Telephonmagnet ist um so besser, je stärker er ist, so sehr verbietet sich dies nach den früheren Betrachtungen über die Streuung.

Damit haben wir die Wirksamkeit des Sprechtelephons erledigt.

Das Hörtelephon unterliegt ganz anderen Anforderungen. Einer bestimmten Anzahl Kraftlinien entspricht eine gewisse Anziehung in ihrer Richtung. Das beste Hörtelephon ist demnach einfach dasjenige, welches für eine bestimmte Stromarbeit die meisten Kraftlinien in die Membran und zurück liefert.

Dieser Satz klingt fast so, als käme es nur darauf an, das Eisen recht dick zu machen und weiter nichts, genau wie bei den neueren Dynamomaschinen. Das ist aber nicht so unbedingt der Fall. Die Aufstellung der Gleichung für die Güte wird uns dies beweisen. Dieselben Größen, wie früher, treten nämlich auch hier auf.

Verfolgen wir eine Schwingung. In die Spulen des Telephons gelangt z. B. ein Mikrophonstrom; das Telephon besitzt einen bestimmten magnetischen Widerstand, und es entsteht die Anzahl Kraftlinien Z_m; diese bewirken die Anziehung. Damit ist aber noch nicht alles abgethan; denn jetzt folgt die Anziehung des Ankers, und seine Annäherung läfst ähnliche Verhältnisse eintreten, wie beim Sprechtelephon. Es bildet sich ein Z_w und ein Z_s. Wie wir sehen, ist also die Gleichung für die Güte des Hörtelephons so zusammengesetzt:

$$G = g_1 Z_m + g_2 Z_w + g_3 Z_s,$$

g_1, g_2 und g_3 sind wiederum Gewichte, welche analog dem Früheren variabel sind, und zwar wieder einerseits des magnetischen Widerstandes wegen, andererseits wegen der verschiedenen Folgsamkeit des Eisens.

Welches sind nun die besten magnetischen Bedingungen für ein Hörtelephon? Können einzelne Summanden verschwindend klein werden? Wir sahen, dafs dies beim Sprechtelephon bedingungsweise der Fall ist.

So viel leuchtet aber hier sofort ein, Z_m darf nie Null werden, sonst bleibt das Telephon in Ruhe. Wann das aber eintreten würde, ist leicht zu sagen, nämlich, wenn das Telephon gar keinen Magnetismus besäße, und die Ampèrewindungen nicht hinreichten, die von Hopkinson und Ewing näher bestimmte Hysteresis zu überwinden. Wir sehen also, eine Bedingung giebt es, damit das Telephon überhaupt anspricht, und zwar dieselbe, wie für das Sprechtelephon. Aber auch diese Bedingung fällt fort, wenn wir die Stromstärke vergrößern, welche das erregende Mikrophon liefert; und wählen wir die Stromstärke so grofs, dafs die Ampèrewindungen genügen, um das Telephon zu einer guten Sättigung zu bringen, so ist es nicht nur nicht nöthig, dem Telephon permanente Magnete zu geben, sondern die Kraftlinienschwankungen, werden in diesem Fall sogar größer, als beim magnetisirten Telephon.

Damit aber haben wir keine besonderen Merkmale mehr für das Hörtelephon anzuführen, vielmehr gilt von Z_w und Z_s dasselbe wie früher, denn nach dem Eintreten von Z_m verhält sich jedes Telephon wie ein Sprechtelephon.

Nunmehr ist die Behauptung leicht zu beweisen, daſs ein Hörtelephon nicht einfach die Umkehrung eines Sprechtelephons ist; wir sehen, man kann jenes eventuell unmagnetisch herstellen.

Wir wissen jetzt, wie wir den magnetischen Theil eines Telephons zu bauen haben, sei es, daſs wir ein Sprechtelephon oder ein Hörtelephon herstellen wollen.

Wie jedoch bereits hervorgehoben, haben wir noch auf andere Dinge zu achten, nämlich, in welcher Weise die Sprache den Anker beeinfluſst oder die Schwingungen des Ankers dem Ohr mitgetheilt werden.

Man ersieht auch hier, daſs die beiden Anforderungen durchaus nicht identisch sind: doch bleiben gewisse Punkte wiederum beiden Telephonen gemeinsam.

Betrachten wir, von den alltäglichen Formen ausgehend, zunächst den Anker.

Gewönlich besteht derselbe aus einem einfachen Eisenblech, welches mehr oder weniger dick und von größerem oder kleinerem Durchmesser sowohl zur Herstellung des magnetischen Schlusses als zur Absperrung der im Schallbecher befindlichen Luft dient. Man kann magnetisch weder den dünnen noch den dicken Membranen ohne Weiteres den Vorzug zuerkennen, da nach dem Früheren erst alle Faktoren zusammen die Wirkung ausmachen, mechanisch steht aber so viel fest, daſs eine dünne Membran weit schwingungsfähiger ist, auch haben, wie wohl allgemein bekannt und schon von Vielen hervorgehoben, kleinere Membranen eine weit präzisere Wirkung, indem sie die Klangfarbe gleichmäßiger erscheinen lassen. Nichtsdestoweniger ist für manche Telephone das dicke Blech eine Lebensfrage.

Was eben von dem einfachen Blechanker gesagt ist, gilt noch mehr von anderen Anordnungen. Die meisten, aus rein magnetischen Gründen geschaffenen Schluſsstücke sind eben deshalb zu schwer.

Die Folge davon ist ein besonders starkes Ansprechen auf tiefe Töne und dementsprechend ein dumpfer dröhnender Klang. Diese Eigenschaft zeigen sowohl in der Mitte verstärkte Eisenmembranen, wie solche aus anderem Material mit daran befestigten Eisenankern.

Wenn man es also mit den magnetischen Eigenschaften in Einklang bringen kann, empfiehlt sich stets eine dünne, nicht große Membran.

Aber auch andere Ausführungen findet man als die Membrantelephone, Thompson hat sogar kleine Dynamos als Telophon gebaut, verschweigt aber die relative Güte. Solche schwerfälligen Instrumente werden eben trotz ihrer möglicherweise guten magnetischen Eigenschaften sehr schlecht ansprechen.

Ein wichtiger weiterer Theil des Telephons ist der Schallbecher.

Man giebt demselben die verschiedenartigsten Formen und Größenverhältnisse, immer aber ist der Typus derselbe.

4*

Untersucht man die Wirksamkeit verschiedener Formen, so findet man bei den Sprechtelephonen wohl kaum einen Unterschied und man wird einem mangelhaft funktionirenden Sprechtelephon vergeblich durch Aenderung des Schallbechers aufzuhelfen versuchen.

Ganz anders verhalten sich die Hörtelephone. Die Wirksamkeit dieser ist in hohem Grade von der Art des Schallbechers abhängig.

Man kann hauptsächlich zwei Formen der Becher unterscheiden, solche, welche das Ohr verschließen und solche, welche es nicht verschließen. Die erste Art ist die 1873 von Bell zu uns gekommene, älteste und zugleich wirksamste, während die letztere Form erst später, besonders durch Siemens in Aufnahme gebracht wurde und in höchst lehrreicher Weise sich mehr und mehr zum alten Schallbecher zurückformt.

Die das Ohr verschließenden Schallbecher besitzen einen hervorstehenden Rand von geringem Durchmesser, welcher sich derartig auf die Ohrmuschel legt, daß das Ohr den vollen Luftdruck der von der Membran in Schwingungen versetzten Luft erhält; ein Entweichen ist unmöglich, die Wirkung auch demgemäß intensiv, wenn auch bei starken Lauten etwas unangenehm bedrückt.

Die zweite Sorte Schallbecher ist so groß, daß das ganze Ohr darin Platz hat und der Rand das Ohr umgiebt. Offenbar verdanken diese Muscheln ihr Entstehen der Verwendung der Telephone zum Sprechen und sind in der Absicht hergestellt, den Schallwellen beim Sprechen besser Zugang zur Membran zu verschaffen, was, wie erwähnt, durchaus nicht nothwendig ist. Die Anwendung für Hörtelephone hat das Angenehme für sich, daß das Ohr frei liegt und selbst starke Laute nie unangenehm werden, jedoch ist das Nebengeräusch dabei nicht abgeschnitten, ein unter Umständen nicht zu unterschätzender Nachtheil. Die Mikrophone der Post haben denn auch in letzter Zeit Telephone mit ganz flachen Bechern erhalten, welche das Ohr ähnlich verschließen, aber unnöthig groß sind.

Nachdem so im Vorigen die zur Beachtung beim Telephonbau wichtigen Punkte hervorgehoben sind, wollen wir das Gesagte noch kurz zusammenfassen.

1. Sprechtelephone müssen ziemlich stark magnetisch sein und eine wesentliche Streuung besitzen.
2. Hörtelephone erfordern geringen mangnetischen Widerstand, für gewöhnlich mäßige Sättigung, welche um so höher sein soll, je geringer der ankommende Strom ist und sollen um so mehr Streuung haben, je höher die Pole gesättigt sind; nothwendig ist eine bedeutende Streuung nicht.
3. Will man höchste Wirksamkeit, so soll der Schallbecher das Ohr verschließen.
4. Alle schwingenden Theile sollen außerordentlich leicht sein.

Zum Schluß dieses Abschnittes mögen noch einzelne besondere Formen besprochen werden.

Um einen guten magnetischen Schluß zu erzielen, d. h. einen Magneten mit wenig Widerstand zu bauen, liegt es nahe, die gewöhnlich dünnen Polenden dicker zu machen; dies erfordert jedoch entweder eine sehr dicke Membran, damit dieselbe für Kraftlinien noch aufnahmefähig bleibt oder besondere Schlußanker, man geräth also in

Konflikt mit den akustischen Erfordernissen, und diese sind überaus wichtig. Man muſs folglich die einzelnen Faktoren gegeneinander abwägen.

Ein großer Romershausen'scher Telephonmagnet, welcher mit einer Blechmembran sehr gut wirkt, besonders, wie wir sahen, bei Anwendung der theoretischen Wickelung, nimmt in Bezug auf die magnetische Güte wesentlich zu, wenn man ihn mit einer dicken Blechplatte verschließt, welche in der Mitte ein Loch besitzt und den Schluſs durch ein besonderes Eisenstückchen bewirkt; beim Gebrauch erweist er sich jedoch bei dieser Anordnung aus den früher angeführten Gründen minderwerthig.

Ein weit kleinerer Magnet derselben Art von 4 cm Cylinderdurchmesser und 3 cm Höhe besaß dieselbe Kraftlinienanzahl von ca. 3000 bei einer magnetisirenden Kraft von 170 Ampèrewindungen, welche beim großen Magnet 560 erforderte, ein Unterschied, der sich in Folge der Weite der Windungen für diesen noch ungünstiger gestaltet. Ich habe gemessen:

$$\text{Kleiner Magnet, Klemmenspannung } Ep = 0{,}85; \quad Z = 3178$$
$$\text{Großer Magnet } Ep = 3; \quad Z = 3122$$
$$Ep = 2{,}9; \quad Z = 3054$$
$$Ep = 1{,}45; \quad Z = 2363.$$

Derselbe große Magnet zeigte auch die früher erörterte Eigenschaft, daſs die Wirkung mit wachsender Sättigung abnimmt. Es war:

$$Ep = 1{,}4; \quad E = 0{,}03702 \text{ Volt}$$
$$Ep = 2{,}635; \quad E = 0{,}0259 \text{ Volt}$$
$$Ep = 2{,}8; \quad E = 0{,}0149 \text{ Volt.}$$

Auch das kleinere Telephon verhielt sich so, denn ich fand das Verhältniſs der elektromotorischen Kräfte bei den Klemmenspannungen 0,88 und 1,2 zu 1,4.

Die Vergrößerung der Kraftlinienzahl bewirkte also keine Verstärkung der Wirkung, sondern im Gegentheil eine Abnahme und zwar aus dem Grunde, weil sich dann die Magnete an dem Theil der Widerstandskurve befanden, an welchem der Widerstandsfaktor groß ist und bei wachsender magnetisirender Kraft schnell zunimmt. Man ersieht hieraus, wie wichtig es ist, die Sättigung des Eisens richtig zu bemessen, und wie unbegründet die Behauptung ist, je mehr Kraftlinien ein Telephon besitze, um so besser wirke es!

Eine eigenthümliche Anordnung des mechanischen Theiles zeigt ein von Thompson erdachtes Telephon. Der Anker besteht aus einer Blattfeder und trägt eine daran befestigte sehr leichte, kleine Schale als Schallbecher*). Auch ich habe eine ähnliche Telephonkonstruktion ausgeführt, fand jedoch den akustischen Theil sehr unwirksam, obgleich das Telephon vorzügliche magnetische Eigenschaften besaß. Man kann auch von so schwerfälligen Ankern keine große Empfindlichkeit erwarten.

Dasselbe Exemplar verdankte seine hohe magnetische Wirksamkeit einer Differentialanordnung des Ankers und beruhte auf dem Prinzip einer doppelt variablen Kraftlinienstreuung. Die Konstruktion war folgende:

---

*) Journal of the society of Tel. Eng. and El. 86.

Ein Ringmagnet trug an seinen Polen nach außen zu 2 Bügel- oder U-förmige Polschuhe mit je 2, also im Ganzen 4 Spulen. Die Polschuhe waren so angeschraubt, daſs die beiden auf einem sitzenden Rollen oben durch das Eisen des Schuhes verbunden waren. Von dem einen Verbindungsstück zum anderen führte eine starke Feder aus Stahl, welche an dem einen befestigt, dem anderen frei gegenüberstand. Eine ebensolche Feder, etwas schwächer, verband die massiven Magnetpole, und die freien Enden beider Federn waren durch einen Stift vereinigt, welcher die besagte Hörmuschel trug. Die Annäherung der einen Feder bewirkte die Entfernung der anderen, so daſs die Streuung sowohl durch die eine, als durch die andere, von beiden aber in gleicher Weise beeinfluſst wurde.

Den Einfluſs der zweiten Feder kennzeichnet folgende Messung.

Telephon mit einer Feder; Ausschlag des Galvanometers bei Annäherung des Ankers:

$$\alpha = 55.$$

Telephon mit zwei Federn, diese aber unverbunden. Einfluſs der früheren Feder:

$$\alpha = 54{,}4.$$

Aber hierzu noch Einfluſs der zweiten Feder:

$$\alpha = 35{,}1.$$

Während also die Erzeugung der künstlichen Streuung durch die zweite Feder die Wirkung der ersten Feder kaum verringert, bringt die zweite Feder eine wesentliche Steigerung der Kraftlinienänderung mit sich.

Die zuletzt mitgetheilten besonderen Fälle dürften geeignet sein, einiges Licht darauf zu werfen, wie äußerst änderungsfähig die telephonische Anordnung in Bezug auf den magnetischen Theil ist, und als wie sehr feststehend der akustische angesehen werden muſs. Wenn man nämlich die heutigen Telephone betrachtet, welche fast ausnahmslos den Zweck haben, als Hörtelephone zu dienen, so sieht man nichts als dicke Stab- oder Hufeisenmagnete mit eisernen Polschuhen und ein oder zwei Drahtrollen; es scheint fast so, als wäre etwas anderes mit Erfolg gar nicht möglich. Und doch ist es weder nöthig, daſs die Polenden wesentlich andere Dimensionen haben, wie der übrige Theil der Magnete, noch daſs sie aus Eisen sind. Nur muſs man sich bei einem neu zu entwerfenden Telephon erst klar machen, ob, falls man die gewöhnliche Wickelung anwenden will, diese nicht einen zu großen Ausfall an der Wirkung von vornherein mit sich bringt.

Wer meinen bisherigen Ausführungen gefolgt ist, wird vielleicht sagen, ich hätte zur Prüfung der Telephone eine Methode herangezogen, welche zwar elektromagnetisch richtig ist, möglichenfalls aber Faktoren unberücksichtigt läſst, die beim wirklichen Gebrauch der Telephone noch hinzukommen.

Und es giebt thatsächlich solche, es sind, wie berits im Anfange gesagt, die Selbstinduktion und die Foucault'schen Ströme. Von diesen sagt uns das Galvanometer nichts. Es fragt sich also, ob diese beiden von wesentlichem Einfluſs werden können.

Die Selbstinduktion wird uns thatsächlich nicht sehr interessiren, denn je mehr Kraftlinien eine gewisse Stromstärke im Telephon leistet, desto größer wird — gerechnet für dieselbe Spule — jene ausfallen. Wir wollen aber möglichst viele Kraft-linien haben, müssen also die Selbstinduktion sozusagen mit in den Kauf nehmen. Auch darf man eine hohe Selbstinduktion nicht ohne Weiteres für einen Fehler er-klären, da sie die Klangfarbe gleichmäßig werden läfst.

Anders ist es mit den Foucault'schen Strömen. Wer seine Telephonmagnete massiv ausführt, wer geschlossene Röhren oder unaufgeschnittene Metallspulen ver-wendet, begeht einen Fehler; der Erfolg ist, dafs ein Theil der Stromarbeit wie in einem Transformator wirkt und nicht zur Bewegung des Ankers benutzt wird.

Will man nun ein Hörtelephon richtig prüfen, so bedarf man einer anderen Me-thode. Diese mufs so beschaffen sein, dafs die durch sie ermittelten Werthe von der Selbstinduktion und von der Größe der tranformirten Elektrizitätsarbeit abhängig sind.

Das Elektrodynamometer ist, wie wir sahen, aus dem Grunde nicht brauchbar, weil wir damit nur die Wirksamkeit des Instrumentes als Sprechtelephon prüfen können, wobei wir nur über die Größen Z_w und Z_s Auskunft erhalten. Und selbst hierfür erfordert jenes höchst unempfindliche Mefsinstrument eine starke Erregung des Telephons.

Es handelt sich folglich darum in das Telephon Wechselströme zu leiten, deren Stärke und Schwingungszahl man abändern kann, und zugleich um eine Möglichkeit der Messung.

Vorrichtungen, wie man sie in den letzteren Jahren angegeben findet, bei denen der Abstand einer induzirenden von einer magnetisirenden Spule geändert wird, ver-dienen selbstverständlich nicht den Namen messender Instrumente.

Am einfachsten ist das Verfahren, wenn man nur den Grad der höchsten Em-pfindlichkeit des Telephons feststellen will. Man hat dann nur nöthig die sekundären Windungen eines Induktionsapparates mit schnell schwingender Feder durch eine län-gere Leitung und am Ende dieser durch einen induktionsfreien Widerstandskasten zu schließen. An die Klemmen dieses Kastens kommt das Telephon. Wird nun der In-duktionsapparat durch eine konstante Batterie gespeist, z. B. Daniellelemente, so wird stets jedem im Widerstandskasten gezogenen Widerstande w_w eine bestimmte w propor-tionale Spannung entsprechen, falls, wie gewöhnlich die sekundären Windungen des Induktionsapparates hohen Widerstand besitzen gegen den die Widerstände w nicht in Betracht kommen. Den Widerstandskasten kann man auch durch einen Mefsdraht ersetzen.

Nimmt man jetzt nach und nach immer kleinere Widerstände, so gelangt man an eine Grenze, an der das Telephon kaum noch anspricht. Dieser Widerstand ist umgekehrt proportional der Empfindlichkeit des Telephons. Ich fand z. B. bei ver-schiedenen Exemplaren folgende Unterschiede 5; 1; 1; 0,8; 0,2.

Die Messung gestaltet sich äußerst einfach, so dafs man ohne Mühe ans Ziel kommt. Nur darf man dabei wieder nicht vergessen, dafs eine wirkliche Messung nur dann möglich ist, wenn die zu vergleichenden Telephone denselben Widerstand be-sitzen. Anderenfalls hat man zu berücksichtigen, dafs die Empfindlichkeit jedes Tele-phons proportional der Wurzel aus dem Widerstande sich vergrößert.

Die Theorie der Wickelung hat uns nämlich gezeigt, daſs die Wirksamkeit der Spulen proportional der Drahtlänge ist, d. h. durch $\frac{1}{g_2}$ gemessen wird, während den Widerstand die Größe $\frac{1}{g_4}$ miſst.

Verlängern wir aber den Draht eines Telephons mit geringem Widerstand, so daſs dieselbe Spule einen höheren Widerstand besitzt, so vergrößert sich auch die Selbstinduktion. Wir werden demnach nicht im Stande sein, wirklich proportional $\sqrt{w_s}$ die Empfindlichkeit zu steigern, sondern in geringerem Grade. Stellen wir also die Gleichung für die Empfindlichkeit auf, welche aus der obigen Messung folgt

$$B = \frac{1}{w_w \cdot \sqrt{w_s}} \cdot \text{const.},$$

wo nach Vorigem w_w den Widerstand des Widerstandskastens, w_s den des Telephons bedeutet, so haben wir zu beachten, daſs B noch durch den Selbstinduktionskoeffizienten entstellt ist, derartig, daſs es etwas zu groß erscheint, wenn der Widerstand des Telephons klein, zu klein, wenn dieser groß ist.

Nachdem wir eine Methode gefunden haben, die größte Empfindlichkeit festzustellen, bleibt es noch übrig, auf andere Weise die Wirksamkeit des Telephons bei starker Erregung zu messen; denn wir sahen, daſs sich unter Unständen die Telephone in Bezug auf diese beiden Punkte wesentlich unterscheiden.

Hierbei stoßen wir auf verschiedene Schwierigkeiten. Wir müssen eigentlich die Lautwirkung selbst messen, welche das Telephon bei einer bestimmten Klemmenspannung liefert. Zwar würde die Reflexion des Spiegelbildes von einem leuchtenden Punkt durch einen auf der Membran befestigten leichten Spiegel uns ein gewisses Maß liefern, ein solches Verfahren ist aber viel zu umständlich und nicht einmal genau.

Eine Annäherung erhalten wir jedoch, wenn wir die beiden zu vergleichenden Telephone an je einen Widerstandskasten anschließen und beide hintereinander in den sekundären Stromkreis eines Induktionsapparates einschalten. Ziehen wir nun so viel Widerstand aus dem einen Kasten, daſs das betreffende Telephon genügend laut anspricht, und hierauf so viel aus dem andern Kasten, bis das andere Telephon ebenso laut anspricht, so geben uns die Widerstände ein ziemlich gutes Bild von der Güte der Telephone. Wieder entspricht dem kleineren Widerstande das bessere Instrument.

Nunmehr will ich noch einmal wiederholen, welchen Nutzen uns die vorbeschriebenen Rechnungen und Messungen liefern sollen.

Wollen wir irgend eine neue Anordnung für einen Telegraphenmagneten anwenden, so überschlagen wir zunächst nach den Größen der Kapp'schen Rechnung, welche im nächsten Abschnitte mitgetheilt werden, welchen magnetischen Widerstand das Telephon erhalten wird. Durch Vergleich mit irgend einem bekannten sehen wir ein, ob die neue Form mehr oder weniger magnetisirende Kraft erfordert, prüfen die Streuung, am besten gleich durch eine genaue Messung von Stelle zu Stelle, überlegen, ob eine gewöhnliche Wickelung ausreicht, probiren verschiedene Membranstärken durch Rechnung und Messung und vergleichen schließlich die nach der Schluſsrechnung günstigste Form mit einem mit den nächstliegenden Blechdicken etc. versehenen Telephon nach den beiden Meſsmethoden. Die wirklichen Messungen sind stets einem Probiren mit Mikrophonen vorzuziehen, denn bei diesen irrt man sich, wie bekannt außerordentlich leicht.

Zum Schluſs habe ich noch auf die Art und Weise aufmerksam zu machen, wie man den magnetischen Widerstand kreisförmiger Bleche von der Mitte bis zum Rande etc. berechnet. Wendet man für diese Rechnungen mittlere Längen oder mittlere Querschnitte an, so erhält man oft wesentliche Unterschiede vom wirklichen Werth.

Wir setzen voraus, daſs es genügt eine mittlere Sättigung einzuführen, und stellen unter dieser Voraussetzung die folgenden Formeln auf.

Es sei zunächst der Widerstand eines Bleches oder einer Scheibe zu bestimmen von einem kleineren Kreise mit dem Radius r_1 bis zu dem größeren r_2 bei radiärem Verlauf der Kraftlinien.

An einer beliebigen Stelle in der Entfernung x vom Mittelpunkt ist der Querschnitt bei der Blechdicke D

$$2 \pi x \cdot D.$$

Die Elementarlänge ist dx, folglich, wenn c und ϱ die im nächsten Abschnitt zu erörternde Bedeutung haben, der Widerstand des Blech-Elementes

$$d w = \frac{d x}{2 \pi x D} \cdot c \cdot \varrho = \frac{c \varrho}{2 \pi D} \frac{d x}{x};$$

x geht von r_1 bis r_2, folglich ist der Gesammtwiderstand

$$w = \int_{r_1}^{r_2} \frac{c \varrho}{2 \pi D} \frac{d x}{x} = \frac{c \varrho}{2 \pi D} \text{ log. nat. } \frac{r_2}{r_1}.$$

Wir werden sehen, daſs wir eine sehr ähnliche Formel erhalten, wenn die Kraftlinien kreisförmig verlaufen, wie z. B. bei den Ringankern der Dynamomaschinen.

Wir berechnen gleich ein Ringstück innerhalb des Winkels α^0. Hier ist die Länge $\frac{\pi}{180} \cdot x \cdot \alpha$, das Querschnittselement, falls b die Breite des Ringes ist (entsprechend dem früheren D), $b \cdot dx$, folglich das Widerstandselement

$$d w = c \varrho \cdot \frac{\pi x \alpha}{180} \cdot \frac{1}{b \cdot d x}, \text{ oder die Leitungsfähigkeit des}$$

Elementes

$$d L = \frac{180 b}{c \varrho \pi \alpha} \cdot \frac{d x}{x} \quad \text{und}$$

$$L = \int_{r_1}^{r_2} d L = \frac{180 b}{c \varrho \pi \alpha} \cdot \text{ log. nat. } \frac{r_2}{r_1},$$

folglich

$$w = \frac{c \varrho \pi \alpha}{b \cdot 180} \cdot \text{ log. nat. } \frac{r_1}{r_2}.$$

5

Die gewöhnlichen Formeln würden lauten: Im ersten Fall

$$w^1 = \frac{r_2 - r_1}{D \cdot 2\pi r_m} \cdot c \cdot \varrho,$$

im zweiten:

$$w^1 = \frac{c\,\varrho\,\pi\,\alpha}{b\,180} \cdot \frac{r_m}{r_2 - r_1} = \frac{c\,\varrho\,\pi\,\alpha}{b \cdot 180} \cdot \frac{r_m}{\alpha},$$

wo r_m der mittlere Radius ist.

Um zu zeigen, welchen Unterschied im Ergebnifs die beiden Rechnungsarten liefern, theile ich folgende Beispiele mit. Da in den beiden oben aufgestellten Gleichungen die Größe log. nat. $\frac{r_2}{r}$ da auftritt, wo in den gewöhnlichen steht $\frac{r_2 - r_1}{r_m}$, so haben wir nur nöthig diese beiden Faktoren zu vergleichen.

Beispiel 1.

Es sei der Widerstand eines kreisförmigen Telephonbleches für einen Romershausen'schen Magneten zu berechnen, und zwar sei

$$r_2 = 5$$
$$r_1 = 1.$$

Nach meiner Formel folgt $\frac{r_2}{r_1} = 5$ log. nat. $5 = 1{,}609$;

dagegen ist

$$\frac{r_2 - r_1}{r_m} = \frac{4}{3} = 1{,}333.$$

Beispiel 2.

Es sei eine Scheibe zu berechnen unter den Bedingungen

$$r_2 = 50$$
$$r_1 = 48.$$

Die Rechnung ergiebt   log. nat. $\frac{r_2}{r_1} = 0{,}04083$

$$\frac{r_2 - r_1}{r_m} = 0{,}04082.$$

Beispiel 3.

$$r_2 = 6$$
$$r_1 = 4$$

folgt: log. nat. $\frac{r_2}{r_1} = 0{,}405$

$$\frac{r_2 - r_1}{r_m} = 0{,}5.$$

Diese Beispiele genügen, um zu erkennen, dafs der Unterschied der beiden Werthe um so größer ausfällt, je verschiedener die beiden Radien von einander sind.

Indem ich hiermit die Ausführungen dieses Abschnittes beschließe, will ich zugleich meine Ueberzeugung aussprechen, dafs man auf dem vorgeschriebenen Wege zu neuer Telephonkonstruktion gelangen kann, und nur dieselbe Ursache, welche mich veranlaſste, bisher über meine Untersuchungen zu schweigen, hindert mich, weitere Magnetformen zu besprechen, welche interessante Beiträge zu liefern im Stande sind. Das Kaiserliche Patentamt hat mir auf den wesentlichsten Inhalt meiner, von nicht völlig Orientirten meistens bestrittenen Verbesserungen auf Grund der angeführten Wickelungsbedingungen etc. mit einer Ausnahme keins der beantragten Patente gewährt, und so zwingt mich der Umstand, daſs besondere, eigenartige Formen noch patentfähig erscheinen, die Erörterung dieser Bestätigungen meiner Theorien bis auf Späteres zu lassen.

Versuch der Neubestimmung der Kapp'schen Konstanten und neue Fortsetzungen.'

Die Frage der Berechnung von Dynamomaschinen ist in der letzten Zeit von den verschiedensten Seiten wiederholt erörtert worden. Jeder der betreffenden Forscher kommt jedoch in seinen Schluſsformeln zu anderen Ergebnissen für die Rechnung selbst als der andere, obgleich die allgemeinen Grundsätze in den neueren Veröffentlichungen eine bemerkenswerthe Uebereinstimmung zeigen.

Die Vorzüge der Kapp'schen Berechnungsweise vor anderen Methoden sind so allgemein anerkannt, daſs dieselbe mit Recht bevorzugt wird. Eins aber fällt bei Anwendung der von Kapp gelieferten Rechnungswerthe auf, daſs dieselben nämlich bei genauer Berücksichtigung aller Einzelumstände zur Berechnung einer Dynamomaschine, d. h. der wirklichen, exakt gemessenen Kraftlinienstreuung, der ungleichen Vertheilung der Sättigungen in den Maschinentheilen, sowie der rückwirkenden magnetisirenden Kraft des Ankerstromes ein Ergebniſs liefert, welches durchaus nicht die der Kapp'schen Theorie nachgerühmte Uebereinstimmung mit der Wirklichkeit zeigt.

Dieser Umstand läſst es wünschenswerth erscheinen, die Kapp'schen Konstanten, und zwar gerade in der Form, wie Kapp sie liefert, d. h. die Konstanten des Widerstandes für verschiedenes Eisen und für Luft, sowie besonders das Gesetz der Abhängigkeit der Widerstände von der Sättigung einer genauen und einwurfsfreien Prüfung zu unterziehen, und falls sich jene Gesetze nicht bestätigen sollten, das allgemein richtige Kapp'sche Prinzip in anderer, richtiger Form zum Ausdruck zu bringen.

Der Anregung des Herrn Prof. Dr. Slaby hatte ich es zu verdanken, daſs ich seiner Zeit mit der erörterten Absicht an die Untersuchung magnetischer Eigenschaften des Eisens heranging.

Von den beiden Methoden, welche bisher zur Messung der Kraftlinien für den vorliegenden Zweck benutzt sind, nämlich der Bestimmung magnetischer Momente vermittelst Magnetometer, sowie Vergleich der zu messenden Kraftlinienzahl mit dem Erdmagnetismus schien mir keine passend, vielmehr hatte ich den Wunsch mit Hülfe eines langsam schwingenden Galvanometers, welches direkt nach absolutem Maß geaicht sein sollte, zuverlässigere und zugleich einfachere Messungen auszuführen. Die absolute Messung ist um so mehr wünschenswerth, als der Erdmagnetismus eine sehr veränderliche Größe besitzt.

5*

Ich habe aus diesem Grunde dieselbe Meſsmethode angewendet, die in ähnlicher Weise durch die grundlegenden Arbeiten von Hopkinson sowie die späteren sehr eingehenden Messungen von Ewing bekannt geworden ist.

Ein nur wenige Augenblicke andauernder elektrischer Strom wird durch die Ablenkung eines langsam schwingenden Galvanometers als Integralstrom bestimmt. Um ein derartig empfindliches Instrument zur Messung der verschiedenartigsten Stromstärken geeignet zu machen, ist es nothwendig, entweder in den Stromkreis so viel Widerstand einzuschalten, daſs der Ausschlag stets eine meſsbare Größe behält oder an das Galvanometer einen veränderlichen Nebenschluſs zu legen. Die letztere Anordnung erfordert eine äuſserst genaue Kenntniſs sowohl des Galvanometerwiderstandes als der gesammten Nebenschluſsleitung; in geringerem Grade ist dieses bei direkter Schaltung nothwendig, weil man hier meistens sehr große Widerstände anwenden muſs; es wurde daher dieser Weg eingeschlagen, welcher noch den Vortheil einer einfachen Rechnungsweise bietet, ein Umstand, welcher insofern von Wichtigkeit ist, als es nothwendig ist, das Ergebniſs jeder Messung schnell angenähert zu kennen.

Die Abhängigkeit der zu messenden elektromotorischen Integralkraft von dem Ausschlag α, welchen man an dem Galvanometer beobachtet, liefert uns die Formel

$$E = C \cdot \frac{\tau}{\pi} \cdot k^{\frac{1}{\pi} \operatorname{arc\,tg} \frac{\pi}{\Lambda}} \cdot w \cdot \alpha,$$

in welcher C den Reduktionsfaktor des Galvanometers, τ die Schwingungsdauer, k das Dämpfungsverhältniſs, Λ den natürlichen Logarithmus desselben, w den Gesammtwiderstand des Stromkreises, α den Galvanometerausschlag darstellt. Sämmtliche Größen sind einschließlich der elektromotorischen Integralkraft E in absolutem Maß zu messen.

An Stelle der elektromotorischen Kraft tritt ohne Weiteres bei der Messung des Magnetismus die Anzahl der Kraftlinien, welche mit der elektromotorischen Kraft gleiche Dimension besitzt. Dies gilt jedoch nur, wenn eine einzige sekundäre Windung vorhanden ist; wendet man, was häufig erwünscht ist, um den Ausschlag α zu vergrößern, mehrere sekundäre Windungen an, so ist die Anzahl derselben in den Nenner des Ausdrucks zu setzen, so daſs die allgemeine Formel für die Anzahl der Kraftlinien lautet

$$Z = C \cdot \frac{\tau}{\pi} \cdot k^{\frac{1}{\pi} \operatorname{arc\,tg} \frac{\pi}{\Lambda}} \cdot w \cdot \alpha \cdot \frac{1}{n},$$

wobei Z die Kraftlinienzahl, n die Anzahl der Windungen ist.

Es fragt sich nun, welchen Bedingungen müssen praktisch die Konstanten der Gleichung genügen, um eine sichere Messung zu gestatten, und in welcher Weise bestimmen wir dieselben am besten.

In Bezug auf diese Frage ist zunächst die Schwingungsdauer τ von Wichtigkeit. τ soll mindestens 6 Sekunden betragen, und für einzelne Messungen, bei welchen der Magnetismus sich verhältniſsmäßig langsam ändert, wie z. B. bei einzelnen Messungen über Streuung an Dynamomaschinen ist es gut, τ größer als 10 zu wählen.

k kann an sich ohne Nachtheil sehr gering sein, d. h. wenig über 1, man hat aber praktisch mit Schwierigkeiten zu kämpfen, wollte man die Dämpfung so klein wählen. Da es nämlich nothwendig ist, dafs der Spiegel des Galvanometers bei Anfang jeder Messung sich vollkommen in Ruhe befindet, so müfste man in diesem Fall nach jeder Messung erst eine ziemlich lange Zeit verstreichen lassen, ehe der nächste Ausschlag erfolgen kann; das ist aber nicht zweckmäßig. Man wird daher stets in die Spulen des Galvanometers noch zwei dünne Kupferbügel schieben, um k zu vergrößern. $k = 1{,}5$ bis 2 ist am besten.

Was die Größe von C betrifft oder die Empfindlichkeit des Instrumentes, so braucht dieselbe durchaus nicht übermäßig groß zu sein, d. h. C braucht nicht kleiner als etwa 0,000 000 01 zu sein, was für ein Spiegelgalvanometer keine grofsè Empfindlichkeit darstellt.

Immerhin ist es nothwendig, bei handlichen Abmessungen der Galvanometertheile der Wickelung einen Widerstand von 15 bis 20 Ohm zu geben.

Bei Anwendung von Stabmagneten aus Stubstahl von 7 mm Dicke und 10 cm Länge werden τ und k gut ausfallen, falls der Stahl stark magnetisirt ist; um jedoch die Größe von τ vollkommen in der Hand zu haben, ist es geboten, das Galvanometer zum Theil zu astasiren.

Das von mir im elektrotechnischen Laboratorium der Kgl. Techn. Hochschule benutzte und von dem Mechaniker des Laboratoriums verfertigte Galvanometer, Fig. 7, trägt oberhalb des eigentlichen, die Direktionskraft liefernden Magneten, welcher sich innerhalb des mit zwei Spulen aus 0,5 mm dickem Draht versehenen hölzernen Spulenkastens befindet, einen mit seinen Polen entgegengesetzt eingefügten kürzeren Magneten, welcher von einem Kasten ohne Wickelung umgeben ist. Beide Magnete sind zu einem Ganzen verbunden. In den unteren Kasten werden die ca. 2 mm dicken Kupferbügel eingeschoben und das Ganze durch zwei Glasplatten verschlossen. Auf diese Weise sind die Magnete stets der Beobachtung zugänglich, ohne dafs man einen Verschlufs zu lösen braucht.

Fig. 6.   Fig. 7.

Die Aufhängung ist 30 cm lang und besteht aus einem Bündel guter Coconfäden, entnommen einem Faden kordonnirter Stickseide. Solche Fäden liefern eine vorzügliche Seide für diesen Zweck von großer Glätte und Tragfähigkeit, und von geringer Torsionskraft. Drähte sind weit weniger geeignet.

Die Aufhängung befindet sich innerhalb eines Glasrohres von 1 cm Weite und ist an einem ganz einfachen Torsionsknopf befestigt, welcher sich auch in der Höhe verstellen läfst.

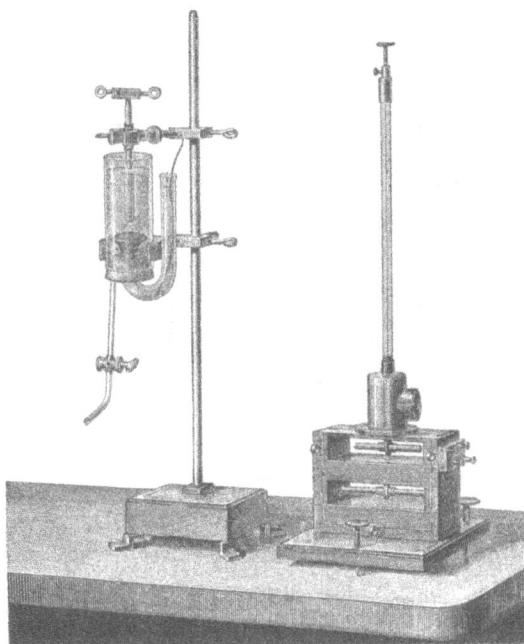

Die Windungen sind vollkommen verdeckt, und als Fuß dient ein unter den Spulenkasten geschraubtes Brett mit drei Fußschrauben.

Das in der, wie besprochen, einfachen Weise hergestellte Galvanometer dürfte alle für den vorliegenden Zweck erforderlichen Eigenschaften besitzen. Die beweglichen Theile sind stets überwachbar, ohne daß man das Instrument auch nur berührt, der Nullpunkt ist während jeder Messung absolut konstant, und die gleiche Kraftlinienzahl liefert bei jeder Messung bis auf ein Zehntel Millimeter genau denselben Ausschlag. Zum Schutz ist das Ganze von einem Pappgehäuse verdeckt, welches in der Spiegelhöhe eine Thüre besitzt.

Um einerseits das Galvanometer zwischen zwei Messungen schnell zu dämpfen, andererseits aber gegen ankommende Ströme zu schützen und unempfindlich zu machen, ist an die Klemmen ein Nebenschluß von 5 mm dickem Draht angelegt, welcher bis zum Beobachtungsplatz führt und hier an Quecksilbernäpfen endet.

Die Bestimmung der Größen C, τ, k geschieht auf folgende Weise:

Um C zu bestimmen, bediene ich mich des Normalelementes von Lord Raleigh, dessen Eigenschaften und Zuverlässigkeit ich durch meine früheren Arbeiten kenne. Eine Aichung mit dem Silbervoltameter erfordert erstens eine lange Zeit andauernde Ablenkung, welche für das Instrument mit den langen Magneten keinesfalls gut ist, da die Kraftlinien in diesem Falle schief durch die Magnete gehen, ist sehr umständlich und deshalb nicht zu jeder Zeit ausführbar und wegen des Nebenschlusses bedeutend unsicherer als die einfache direkte Aichung.

Das Normalelement nach Raleigh besitzt eine elektromotorische Kraft von 1,177 Volt und läßt bei richtiger Herstellung nur eine Unsicherheit von 2 Tausendstel Volt zu, wie ich durch frühere Versuche festgestellt habe, während mit genügender Sorgfalt und aus hinreichend reinen Materialien hergestellte Clark'sche Elemente nicht sofort zu beschaffen waren.

Das von mir benutzte Daniellelement Raleigh'scher Zusammensetzung hat folgende für den vorliegenden Zweck getroffene besondere Anordnung. (Fig. 6.) Ein Stück eines Gaslampencylinders ist unten durch einen Gummikork verschlossen. Durch die Mitte dieses Pfropfens geht eine außen aufwärts gebogene Glasröhre von ca. 1,5 cm Weite bis zur Höhe des oberen Cylinderrandes. Der in den Cylinder ragende Theil desselben ist oben mit einem Stück Gummischlauch versehen, und in dieses eine runde Thonplatte als Diaphragma eingeklemmt. Nachdem der Cylinder mit Wasser und Normalschwefelsäure, das Glasrohr mit Normalkupfervitriol ausgespült ist, wird das Ganze an einem Stativ befestigt, die Gefäße mit den Flüssigkeiten gefüllt, und zwar der Cylinder mit der Normalschwefelsäure vom spezifischen Gewicht 1,076 und das Glasrohr mit der chemisch reinen, bei 18° konzentrirten Kupfervitriollösung und hierauf die Elektroden eingesenkt und befestigt, chemisch reines Kupfer, blank polirt und chemisch reines Zink „normal" amalgamirt, beide vorher mit den zugehörigen Lösungen abgerieben, wie im diesbezüglichen Theil einer früheren Arbeit beschrieben.

Die Messung erfolgt ohne Zeitverlust unter Benutzung des Nebenschlusses und Einschaltung von ca. 100 000 Ohm und gestattet mit einer Füllung nur einen Ausschlag, wobei man auch hier das Galvanometer durch zweckmäßiges Schließen und Oeffnen des Stromes möglichst schnell zur Einstellung bringt.

Zur genauen Ermittelung von C sind mehrere Ausschläge erforderlich und der erste gewöhnlich unsicherer als die folgenden.

Trotz der mehrfachen Erneuerung der Flüssigkeiten — die gebrauchten sind wegzugießen — und der Neuamalgamirung des Zinks und Neureinigung des Kupfers ist es möglich, die Aichung öfters zu wiederholen, so dafs eine etwaige Aenderung von C sofort bemerkt wird, was bei Anwendung eines Voltameters nicht angeht.

Betreffs der Eigenschaften des Normalelements, insbesondere der Nothwendigkeit der normalen Amalgamirung verweise ich auf meine früheren Arbeiten*).

Bedeutend umständlicher als die Aichung des Galvanometers ist die Bestimmung von τ. Dieselbe erfordert ca. eine halbe bis drei Viertel Stunden und darf nicht zu anderer Tageszeit vorgenommen werden als die Messungen. Wenigstens habe ich durch andauernde tagelange Bestimmungen von τ gefunden, dafs die Aenderungen desselben im Laufe des Tages viel größer ausfielen, als die Aenderungen von Tage zu Tage. Im Allgemeinen ist sogar τ zu gleicher Tageszeit fast stets gleich groß. Als ungünstigste Zeit zur Beobachtung erschien mir der frühe Vormittag, während etwa die Stunde von 3 bis 4 Uhr Nachmittag die regelmäßigste Schwingungsdauer besaß. Ich habe aus diesem Grunde meine Messungen stets Nachmittag his höchstens 6 Uhr ausgeführt und die Schwingungsdauer an anderen Tagen bestimmt. Die Abweichungen der verschiedenen Werthe von τ unter einander sind unter diesen Umständen so gering, dafs man behufs gleichmäßiger Durchrechnung das Mittel der Schwingungsdauer nehmen kann.

Was die praktische Ausführung der Bestimmung von τ selbst betrifft, so ist es jedenfalls das Einfachste, aus etwa 12 bis 14 Beobachtungen am Anfang und Schlufs einer halben Stunde eine angenäherte Schwingungsdauer zu bestimmen und durch das bekannte Divisionsverfahren den genauen Werth zu ermitteln. Die Zeit 12τ genügt vollkommen für den angenäherten Werth und man thut gut, ausnahmslos entweder nur mit abnehmenden oder nur mit wachsenden Zahlen zu beobachten. Als Marke für den Nullpunkt bedient man sich zweckmäßig eines dicken Drahtbügels.

Da τ diejenige Schwingungsdauer ist, welche die Magnete ohne Dämpfung brauchen, so sind die Kupferbügel des Galvanometers vorsichtig zu entfernen und der Stromkreis ganz zu öffnen, was ohnedies nothwendig ist, falls das Instrument im Laufe einer halben Stunde nicht zur Ruhe kommen soll. Das Fernrohr, welches behufs leichter Beweglichkeit bei meinen Versuchen auf einer Blechplatte stand und einen Skalenabstand von 3 m besafs, mufs stets vor Beginn der Bestimmung genau auf den Nullpunkt eingestellt werden, was wegen des Verkleinerung der Schwingungsweite unbedingt nothwendig ist.

Die Bestimmung von k habe ich für äußere Widerstände von 0, 20, 50, 100, 200, 500 Siemens vorgenommen und zwar zur Erleichterung der Rechnung für Einschaltung der genannten Widerstände in den ganzen Stromkreis, welcher aus einer in die untere Etage reichenden Leitung bestand.

---

*) Dissertation, München 1886.

Indem ich so $k^{\frac{1}{\pi}\operatorname{arc\,tg}\frac{\pi}{\Lambda}}$ als Funktion des in die Leitung eingeschalteten Zusatzwiderstandes graphisch auftrug, welcher bei den Messungen durch den Widerstand w_s der sekundären Spule und den gestöpselten Widerstand w_w des Widerstandskastens gebildet wurde, war ich im Stande, für jede Messung den Dämpfungsfaktor mit Leichtigkeit zu bestimmen. (Siehe Tafel II Fig 4.)

Anstatt zur Ablenkung des Galvanometers Magnete zu verwenden, benutzte ich den Strom einer für diesen Zweck kurzgeschlossenen und an den Nebenschluß angelegten Klingelbatterie dazu, um so sicher einen günstigen Ausschlag zu erreichen, was besonders bei Bestimmungen von $k = 2$ große Schwierigkeiten bereitet, unter Anwendung dieses einfachen Hülfsmittels aber sehr leicht geschieht.

Die Widerstände der Fernleitung w_l und der Galvanometerwickelung w_g waren natürlich für immer bekannt.

Von großer Wichtigkeit für die Ausführung der Kraftlinienmessungen selbst ist eine gute telegraphische Verbindung des Beobachtungsplatzes am Fernrohr mit dem Beobachter im Aufstellungsraum der magnetischen Instrumente, Dynamomaschinen etc. Es ist erforderlich, während der Messungen stets Fühlung mit jenem Beobachter der Stromstärke zu behalten und durch kurze Zeichen die Aufforderung zur Beobachtung und zum Stromwechsel etc. ergehen zu lassen.

Zu diesem Zweck war im elektrotechnischen Laboratorium die Einrichtung so getroffen (vergl. Fig. 8), daß der Beobachter am Fernrohr vor einem unter die

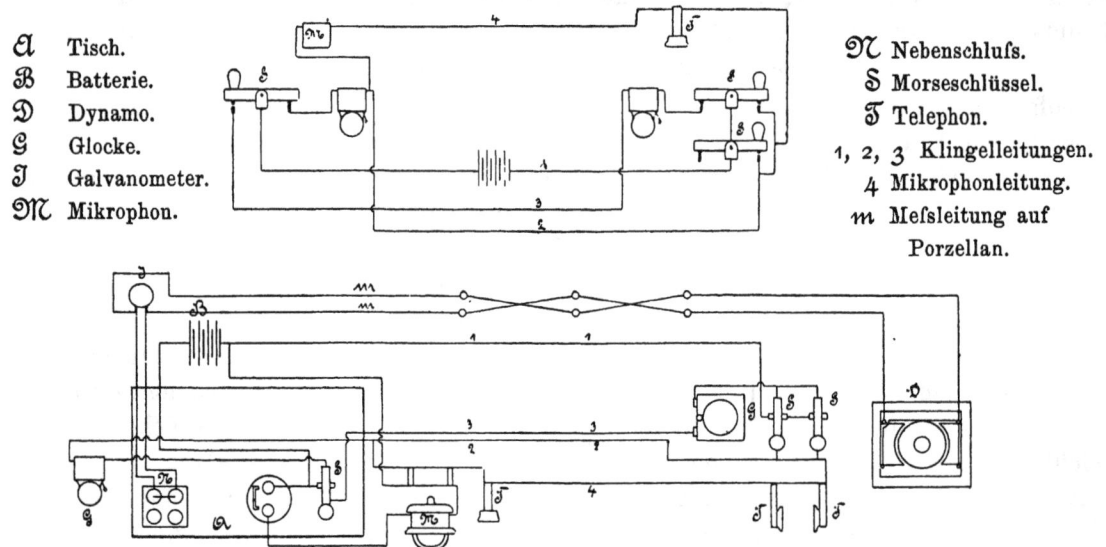

$\mathcal{A}$	Tisch.		$\mathcal{N}$	Nebenschluß.
$\mathcal{B}$	Batterie.		$\mathcal{S}$	Morseschlüssel.
$\mathcal{D}$	Dynamo.		$\mathcal{T}$	Telephon.
$\mathcal{G}$	Glocke.		1, 2, 3	Klingelleitungen.
$\mathcal{J}$	Galvanometer.		4	Mikrophonleitung.
$\mathcal{M}$	Mikrophon.		m	Meßleitung auf Porzellan.

Fig. 8.

zur Aufstellung des Fernrohrs dienende Wandkonsole geschobenen Tisch A sitzt, welcher außer dem zu linker Hand befindlichen vorerwähnten Nebenschluß N des Galvanometers J, rechts einen Morseschlüssel S trägt. Eine dreifache Leitung 1, 2, 3 verbindet diesen Schlüssel und eine in der Nähe aufgestellte Klingelbatterie B mit dem Standort des anderen Beobachters derartig, daß beim Druck auf einen dort befindlichen Morsetaster oben eine Glocke G rasselt und umgekehrt von oben nach unten geklingelt werden kann. Während die Glocke im Maschinenraum zwar schnell rasselt, aber hell tönt, ist die oben aufgestellte gedämpft, was die Signale weit präziser erscheinen läßt. Es waren folgende Zeichen verabredet:

— ... Bereit!

· — . Warten!

— Los! Stromwechsel!

— . Ablesung, Ausschlag erfolgt!

· — Keine brauchbare Ablesung!

· — — — — Schlüsselstellung 1. ⎫ unten am Stromwender.

·· — — — — Schlüsselstellung 2. ⎭

und einzelne andere Zeichen, welche von beiden Beobachtern abgegeben werden konnten. Zuweilen war es wegen der Inkonstanz des Stromes nothwendig, in einem bestimmten, vom Beobachter der Stromstärke angezeigten Moment den Ausschlag erfolgen zu lassen da nun aber behufs Beruhigung des Galvanometers der Nebenschluß so lange kurz geschlossen bleiben mußte, bis die Stromstärke im unteren Raum die richtige war, so wurde auf das Zeichen — ... von unten der Kurzschluß aufgehoben, das Zeichen — ... erwidert, und es folgte — von unten, — von oben und hierauf der Ausschlag. In ähnlicher Weise ermöglichte die Telegraphenverbindung in anderen Fällen stets eine präzise Beobachtung.

Während aber die Signale nur für die Ausführung jeder einzelnen Messung dienten, war es außerdem erforderlich, sich stets untereinander über den allgemeinen Verlauf der Messungen zu verständigen. Außer einer ohnehin bestehenden Telephonverbindung der beiden Beobachtungsräume ist daher an der Konsole für das Fernrohr noch ein Mikrophon M angebracht und unten neben dem Platz des Strombeobachters zwei Telephone T. Diese Einrichtung ermöglicht es auf das Signal ... hin sofort nach jeder Messung sich mit dem Mitbeobachter zu unterhalten.

Die telegraphische und telephonische Verbindung ist natürlich daraufhin geprüft, daß sie das Galvanometer I und die Strommeßinstrumente im unteren Raum nicht beeinflußt.

Während die Dämpfung des Galvanometers durch den Nebenschluß so stark ist, daß es nach wenigen Schwingungen vollkommen in Ruhe ist, bewegt sich der Nullpunkt nach Lösung des Nebenschlusses bisweilen um Zehntel Millimeter und mehr offenbar infolge geringer Thermoströme und dergleichen, was bei der großen Empfindlichkeit des Galvanometers nicht verwundern kann, da 1 mm erst ein Zehnmillionstel Volt anzeigt. Es bereitet daher immer einen kleinen Zeitverlust nach Oeffnung des Nebenschlusses die Einstellung auf Null vorzuehmen. Gerade deshalb ist es aber geboten, daß die nunmehr etwa noch ankommenden Signale das Instrument nicht ablenken. Aus diesem Grunde mußte an Stelle der ursprünglichen Rückleitung durch das Gasrohr eine neue Kupferleitung parallel den anderen treten. Auch war es nothwendig, den Mikrophonstrom während der Beobachtung stets zu unterbrechen.

Endlich war auch die Empfindlichkeit der Leitung selbst so groß, daß eine Leitung auf Porzellanisolatoren für die Sekundärströme angelegt werden mußte.

6

Diese beiden Drähte wurden außerdem mehrfach gekreuzt.

Das Galvanometer blieb für gewöhnlich durch das Pappgehäuse verdeckt und wurde nur für die Beobachtung von τ oder zur Ueberwachung der Magnete vorübergehend abgedeckt, während eines Beobachtungstages aber gar nicht angefaßt.

In Bezug auf die Beeinflussung des Galvanometers durch Erregung der Dynamomaschinen und Inbetriebsetzung des Gasmotors habe ich festgestellt, daß außer geringen Nullpunktänderungen sich eine Abhängigkeit nicht fühlbar machte. Bestimmungen der Schwingungsdauer zu Zeiten, in denen Maschinenmessungen stattfanden, ergaben keine wesentliche Abweichung für τ von dem gewöhnlichen Werth. Es war daher selbst bei den Messungen, welche starke Dynamoströme erforderten, eine Unregelmäßigkeit nicht zu befürchten. Erwähnen will ich noch, daß die Aenderungen der Deklination sich trotz ihrer sehr merkbaren Größe lange nicht in dem Maße in der Intensitätsänderung wiedergegeben finden, obgleich auch jene in den Nachmittagstunden am geringsten erschienen und wie diese besonders bei aufhellendem Wetter am Vormittag auffielen.

Was die Genauigkeit der Messungen betrifft, so sind die Konstanten in ausreichendem Maße genau bekannt, da sich dieselben im Laufe der ganzen Untersuchungen nur unwesentlich änderten und überall Mittel aus den schon an sich übereinstimmenden Werthen benutzt sind.

Nichtsdestoweniger sind wahrscheinlich zweimal zufällige Ströme von größerer Stärke in das Galvanometer gelangt, welche eine sehr auffallende Aenderung der Konstanten zur Folge hatten. Da dies jedoch nicht mitten in einer Versuchsreihe geschah, und bis zur Fortsetzung meiner Versuche eine längere Zeit verstrichen war, so habe ich die neue Schwingungsdauer beibehalten, zumal da eine Neumagnetisirung keine Konstanz geliefert hätte, während so alle Werthe ungeändert sich erhielten.

Nachdem ich im Vorstehenden die Methoden besprochen habe, bleibt mir jetzt noch übrig zu erörtern, in welcher Weise ich eine Prüfung der Kapp'schen Gesetze und Neubestimmung der Konstanten seiner Gleichungen vorzunehmen gedachte.

Die Kapp'sche Anschauung geht bekanntlich von der Thatsache aus, daß für eine genaue Erörterung magnetischer Erregungen der Weg der magnetischen Kraftlinien zu verfolgen und demnach stets ein geschlossenes Kurvenbild zu betrachten ist; die magnetische Erregung findet längs dem Wege der Kraftlinien einen „magnetischen Widerstand" vor, und es stellt sich die erfolgende Magnetisirung entsprechend dem Ohm'schen Stromgesetz in der Form dar

$$Z = \frac{A}{w},$$

wobei Z die Anzahl der Kraftlinien an der betrachteten Stelle, A die Anzahl der Ampèrewindungen, w der magnetische Widerstand ist. Der Faktor 4π, welcher sich bei den früheren Arbeiten in dieser Formel findet, rührt von der Ableitung des Gesetzes unter Betrachtung des ganzen Luftraumes her, wird jedoch überflüssig, wenn man das einfache oben ausgedrückte Gesetz ähnlich dem Ohm'schen für elektrische Ströme zu Grunde legt.

Nach den Kapp'schen Angaben läßt sich nun die Aenderung des Faktors w beim Eisen durch das Gesetz wiedergeben

$$\frac{\operatorname{tg} \dfrac{\pi}{2}\,\sigma}{\dfrac{\pi}{2}\,\sigma},$$

wenn σ das Verhältnifs der vorhandenen Kraftlinien in dem betreffenden Eisenquerschnitt zu derjenigen Kraftlinienzahl ist, welche derselbe bei der höchsten Magnetisirung annehmen kann, wobei eben weiter vorausgesetzt wird, dafs sich die Kraftlinienzahl bei Vergrößerung der Ampèrewindungen einem Maximum nähert.

Da das Tangentengesetz Werthe für den Widerstandsfaktor liefert, welche von $\sigma = 0$ bis $\sigma = 1$ fortwährend ansteigen, so ist es natürlich, für $\sigma = 0$ einen Anfangswiderstand zu bestimmen; das Gesetz sagt dann, dafs für die geringste Sättigung der Widerstand am geringsten ist, und es ist sehr leicht für jede Sättigung aus diesem Werthe durch Multiplikation mit $\dfrac{\operatorname{tg} \dfrac{\pi}{2}\,\sigma}{\dfrac{\pi}{2}\,\sigma}$ den jedesmaligen Widerstand zu bestimmen.

Will man nun eine Prüfung des Tangentengesetzes vornehmen, so verbindet sich diese Aufgabe unmittelbar mit der Bestimmung von c, dem Anfangswiderstande. Eine Bedingung aber ergiebt sich sofort für die praktische Ausführung. Da der Widerstandsfaktor für jede Sättigung verschieden ist, so ist seine Bestimmung nur dann möglich, wenn auf dem ganzen zu betrachtenden Schließungskreise überall die Sättigung dieselbe ist. Anderenfalls erhält man für w in der Gleichung $Z = \dfrac{A}{w}$ nicht einen einfachen Ausdruck, sondern ein Integral über lauter verschiedene unendlich kleine Widerstände.

Vollkommen läfst sich jedoch die nothwendige Gleichförmigkeit von σ nur bei Ringen aus Eisen erreichen, welche überall gleichmäßig mit Draht bewickelt sind; denn, da auch die Luft Kraftlinien aufnehmen kann und zwar in unbeschränkter Zahl, weil nach Kapp der Luftwiderstand konstant ist, so wird jede Unregelmäßigkeit der Bewickelung auch eine Unregelmäßigkeit der Sättigung mit sich bringen, und die zu messenden Größen lassen sich nicht mehr durch Rechnung verfolgen.

Aus diesem Grunde liefern z. B. Bestimmungen der Magnetisirungskurve bei Ringen aus Eisen unter Anwendung kurzer Spulen oder gar von Eisenstäben in Spulen keine wirklichen Magnetisirungskurven des Eisens, sondern ganz andere Kurven und bieten daher für genaue Rechnungen nicht die erforderliche Sicherheit.

Man könnte geneigt sein, aus den zahlreichen Untersuchungen von Ewing Folgerungen zu ziehen, welche diese Behauptung widerlegen würden. Derselbe hat nämlich nachgewiesen, dafs die Kurven der Kraftlinien bei Stäben in kurzen Spulen mit denen von Ringen in ebensolchen praktisch übereinstimmen, wenn das Verhältnifs von Länge zu Querschnitt eine gewisse Grenze überschreitet. Damit ist aber nicht bewiesen, dafs man auf dem von Ewing eingeschlagenen Wege wirkliche Magnetisirungskurven erhält; es behält daher die von mir ausgesprochene Behauptung vollkommen ihre Gültigkeit trotz jener Thatsache.

Die Bestimmung des Widerstandsgesetzes mit Hülfe solcher Ringe, welche überall gleichmäßig magnetisirt werden, ist praktisch zwar in gewissem Grade möglich, die Größe der Ampèrewindungen ist aber sehr beschränkt und es läfst sich z. B. durch Vergrößerung des Ringes die Magnetisirung nicht vermehren, da zugleich mit der aufwickelbaren Menge Draht auch die Länge der Kraftlinien zunimmt. Eine Erwärmung des Drahtes aber durch den Strom ist zu vermeiden, weil auch die Temperatur des Eisens von Einfluß auf den Magnetismus ist. Es kommt aber noch hinzu, dafs die Anwendung von geschlossenen Ringen eine große Beschränkung in Bezug auf die Art des Eisens bedeutet, denn wegen der erforderlichen vollkommenen Gleichartigkeit des Ringes an allen Punkten sind gezogene Drähte und Bleche von der Untersuchung ausgeschlossen und selbst gegossene oder aus einem Stück geschmiedete Ringe besitzen eine verschiedenartige mechanische Spannung im Innern.

Diese beiden Gründe machen die Untersuchung von Ringen ganz ungeeignet. Es bleibt vielmehr nur der Ausweg übrig, kurze Stücke des zu untersuchenden Eisens mit einem so vorzüglichen magnetischen Schlufs zu versehen, dafs der Widerstand desselben gegen den des Versuchsstückes fast gar nicht in Betracht kommt und dafs die Sättigung in diesem überall gleich groß ausfällt.

Das einfache Mittel hierzu bietet sich in einer Anordnung, wie ich sie zu meinen Versuchen benutzt habe. Der Apparat besitzt Aehnlichkeit mit dem von Hopkinson verwandten, gestattet aber bessere Messungen. Vor Allem hat Hopkinson so wenig Draht und so schwache Ströme zur Bestimmung des Maximums benutzt, dafs seine größte Zahl der Ampèrewindungen hinter den bei meinem Apparate erreichbaren weit zurück liegt. Diese vergleichende Anzahl A ist übrigens nicht die Gesammtzahl der vorhandenen Ampèrewindungen, sondern diese gerechnet für die Widerstandseinheit. Unter der Voraussetzung also, dafs der magnetische Schlufswiderstand zu vernachlässigen ist, ist nur die Wickelungshöhe, nicht die Anzahl der Windungen nebeneinander von Einflufs; denn je mehr Windungen man bei gleicher Wickelungshöhe anwendet, desto größer wird auch w.

Ein Punkt der wesentlichen Unterscheidung in der Untersuchungsart liegt ferner darin, dafs frühere Beobachter fast ohne Ausnahme bisher unmagnetisirtes Eisen durch allmähliches Steigern der magnetisirenden Kraft zu immer höherer Sättigung gebracht haben, während ich stets eine Stromumkehr zur Messung benutzt und nur solches Eisen zur Untersuchung zugelassen habe, welches vorher bereits öfters und stark magnetisirt war.

Beide Bedingungen sind aber nothwendig, wenn wir das finden sollen, was wir wünschen, nämlich die Eigenschaften der Eisentheile der Dynamomaschinen und anderer magnetischer Apparate; denn nehmen wir z. B. die Charakteristik einer Maschine auf, so war das Eisen vorher schon stärker magnetisirt, und es ist sowohl im Anker als im Schenkel temporärer und remanenter Magnetismus in gleicher Weise wirksam. Eine Trennung derselben ist somit für den vorliegenden Zweck nicht zulässig. Die Umkehr des Stromes ist daher wegen ihrer Einfachheit zu bevorzugen; befinden wir uns in einem Theil der Kurve, an dem die Ampèrewindungen zur vollständigen Umkehrung des Mangnetismus nicht mehr ausreichen, so kennzeichnet sich gerade in der geringen Kraftlinienänderung der magnetische Widerstand. In diesem Theil der Kurve sind aber alle magnetischen Apparate unbrauchbar!

Ich gebe im Folgenden die Beschreibung des zur Prüfung des Tangentengesetzes benutzten Apparates, den man zweckmäßig vielleicht als „Siderognost" bezeichnen könnte (abgeleitet von σιδηρός = Eisen und Stamm γνωστ = kennen lernen).

Die Anordnung des Siderognosts (Fig. 10) ist nun folgende: Eine Magnetisi-
rungsspule, gebildet durch zwei 2,5 mm starke Messingscheiben und ein 2 cm weites
Verbindungsrohr, besitzt eine Wickelung von 693 Windungen eines 1,5 mm dicken

Fig. 9.   Fig. 10.

Drahtes. Diese Spule wird in ein Eisen von U-Form eingeschoben, welches auf einem
Brett aufrecht befestigt ist und die 3 cm breite Spule eng einschließt. Die innere Höhe
des Eisens beträgt 15 cm und sein Querschnitt 2×4 qcm. Die freien Enden haben
seitliche Ansätze, durch welche Schraubenbolzen gehen, die bestimmt sind, mit Hülfe
von Eisenstücken von $2,5 \times 8 \times 2$ cm zwischen diese und das Hauptstück die Versuchsstäbchen einzuklemmen, so dafs diese innerhalb der Spule liegen und das U-Eisen den
magnetischen Schlufs bildet. Die Auflageflächen sind bei diesem Siderognost durchweg
eben. Um die Kraftlinienzahl im Schlufsstück beobachten zu können, ist in einen
Schenkel in der Mitte desselben ein schmaler Schlitz zur Aufnahme von 20 sekundären
Windungen eingefeilt.

Um die richtige Kraftlinienzahl im Versuchsstück genau zu bestimmen, welches im Allgemeinen einen sehr geringen Querschnitt besaß, war es nothwendig, als sekundäre Bewickelung eine einfache Lage dünnsten Drahtes zu verwenden, weil jeder Draht eine größere Fläche einschließt, als das Eisen besitzt.

An dieser Stelle muſs ich auf den Fehler aufmerksam machen, den Hopkinson in Bezug hierauf bei seinen Messungen begeht. Derselbe wendet eine hohe Spule mit vielen übereinander liegenden Windungen des sekundären Drahtes an und zieht von der jedesmal beobachteten Größe der Kraftlinien die Zahl ab, welche er durch die sekundäre Spule ohne Eisenkern in dem Apparate erhält. Das ist jedoch vollkommen unstatthaft; denn die Anzahl Kraftlinien, welche durch den Spulenraum geht, ist nicht unabhängig davon, ob sich in seinem Innern Eisen befindet oder nicht, vielmehr ändert dieser Umstand die Sättigung des Schluſsstückes und alle anderen Größen. Der Widerstand des Schluſsstückes ist aber nicht ganz zu vernachlässigen und am wenigsten bei der Hopkinson'schen Anordnung.

Bei meinen Versuchen wurde das zu untersuchende Eisen mit 130 sekundären Windungen eines 0,08 mm starken Drahtes bewickelt, welche ziemlich die ganze Länge desselben zwischen den Schluſsstücken einnahmen, so daſs die geringen Unterschiede in der Sättigung, welche durch das Vorhandensein des Schluſswiderstandes bewirkt werden, ohne besonderen Einfluſs sind, indem wir bei der Messung gleich die mittlere Sättigung erhalten.

Um zu einer genauen Kenntniſs des Querschnittes g des zu prüfenden Eisenstückes zu gelangen, habe ich den Weg eingeschlagen, das Eisenstäbchen, dessen Längskanten abgestumpft waren, um nicht den aufzuwickelnden Draht zu beschädigen, an beiden Enden scharfkantig abzufeilen und in Wasser von 18° den Gewichtsverlust gegen Luftwägung festzustellen. Das Volumen des Wassers bei 18° ist 1,0013 mal so groß als bei 4°, folglich ist der Gewichtsverlust mit 1,0013 zu multipliziren und durch die Länge des Stäbchens zu dividiren, um den Querschnitt — und zwar sehr genau — zu finden. Die Aufhängung geschah an der Wage vermittelst eines sehr feinen Platindrahtes.

Die Messung der Stromstärke wurde in dem Aufstellungsraum des Siderognosts durch den dort befindlichen Beobachter mit Hülfe des Torsionsgalvanometers ausgeführt. Hierbei wurde die Stromstärke nicht eigentlich abgelesen, sondern der Strom durch Stöpsel- und Schleifwiderstände so lange regulirt, bis er genau die gewünschte Stärke besaß. Der Strom wurde durch Chromsäureelemente (bis 5) geliefert.

Zur Stromwendung wurden zum Theil magnetische Schlüssel verwendet, welche mit Elektromagnet und Anker versehen, von oben her durch den Beobachter am Fernrohr umgelegt werden konnten. Nach Herstellung der richtigen Stromstärke erhielt ich demnach das Zeichen „bereit" und erregte dann eigenhändig den Stromstoß.

Ueber den ganzen Plan meiner Untersuchung habe ich zu bemerken, daſs ich von der Voraussetzung ausging, das Tangentengesetz werde sich mehr oder weniger genau bestätigt finden, so daſs also der Zweck meiner Messungen einfach der sein muſste, die vermutheten geringen Abweichungen von jenem Gesetz zu erkennen und unter möglichst großer Anschlieſsung an dasselbe die Grundkonstanten zu bestimmen.

Handelt es sich aber darum, Konstanten von physikalischen Gleichungen aus

Beobachtungsmaterial so zu bestimmen, daſs die Abweichungen von jenen Gleichungen möglichst gering ausfallen, so benutzt man zweckmäßig dazu die Methode der kleinsten Quadrate.

Die Gleichung für die Kraftlinienzahl im Siderognost lautet eigentlich

$$Z_i \cdot w_i + Z_a \, w_a = n \cdot I,$$

wobei Z_i und w_i Kraftlinienzahl und Widerstand des Versuchseisens, $Z_a \, w_a$ dieselben Größen für das Schluſsstück und $n \cdot I$ die Ampèrewindungen sind.

Wegen der geringen Größe von w_a kann man aber ohne großen Fehler dafür setzen

$$(w_i + w_a) \, Z = n \cdot I,$$

wenn Z die Anzahl Kraftlinien im Versuchsstück vertritt, d. h. $Z = Z_i$.

Es ist aber, falls A und B Konstante bedeuten,

$$w_a = \frac{A \operatorname{tg} \dfrac{\pi}{2} \cdot \sigma_a}{\dfrac{\pi}{2} \cdot \sigma_a} \quad \text{und}$$

$$w_i = \frac{B \operatorname{tg} \dfrac{\pi}{2} \sigma_i}{\dfrac{\pi}{2} \sigma_i} .$$

Die Gleichung nimmt daher die Form an

$$\frac{A \operatorname{tg} \dfrac{\pi}{2} \sigma_a}{\dfrac{\pi}{2} \sigma_a} \cdot Z + \frac{B \operatorname{tg} \dfrac{\pi}{2} \sigma_i}{\dfrac{\pi}{2} \sigma_i} \cdot Z - n \cdot I = 0$$

und setzen wir $\dfrac{\operatorname{tg} \dfrac{\pi}{2} \sigma_a}{\dfrac{\pi}{2} \sigma_a} = a$ und $\dfrac{\operatorname{tg} \dfrac{\pi}{2} \sigma_i}{\dfrac{\pi}{2} \sigma_i} = b$

$$A \cdot a \cdot Z + B \cdot b \cdot Z - n \cdot I = 0.$$

Zur Erfüllung der Bedingung der Methode der kleinsten Quadrate, daſs die Summe der Fehlerquadrate ein Minimum werden soll, ist die Gleichung nach A und B zu differenziren. Die entstehenden Gleichungen lauten

$$A \, \Sigma \, Z^2 \, a^2 + B \, \Sigma \, ab \, Z^2 - n \, \Sigma \, I \, Z \, a = 0$$
$$A \, \Sigma \, Z^2 \, ba + B \, \Sigma \, Z^2 \, b^2 - n \, \Sigma \, I \, Z \, b = 0,$$

wofür wir abkürzend schreiben $\quad A \, \alpha + B \, \beta - \gamma = 0$
$$A \, \beta + B \, \delta - \varepsilon = 0$$

und erhalten $\quad A = \dfrac{\gamma \delta - \varepsilon \beta}{\alpha \delta - \beta^2} \qquad B = \dfrac{\alpha \varepsilon - \beta \gamma}{\alpha \delta - \beta^2} .$

Wir müssen also die Größen α, β, γ, δ, ε aus den beobachteten Zahlen ausrechnen und finden aus den bekannten Längen und Querschnitten des Versuchseisens und des Schluſsstücks die Konstante für den Anfangswiderstand c.*)

---

*) Auch für die Größe c hatte ich ursprünglich die Absicht nicht eine Konstante einzuführen.

Zur Durchführung dieser Rechnung habe ich die folgenden Versuchszahlen benutzt. Bevor ich jedoch dieselben mittheile, will ich einzelne Beispiele für die Ermittelung der Konstanten des Galvanometers und Ausrechnung der Kraftlinienzahlen anführen. Dieselben sind den späteren Messungen entnommen, welche ich mit den neuen, abgeänderten Siderognosten ausgeführt habe.

Für die Bestimmung von C diene folgendes Beispiel:

Den 30. März 1889: Abgelesene Zahlen der Fernrohrskala:

$$577{,}_{25}$$
$$422{,}_{55}$$

$$\text{Differenz} \quad 154{,}_{70}$$

$$\alpha = 77{,}_{35}.$$

Die Zahlen sind Mittel aus mehreren brauchbaren Ausschlägen und bedürfen keiner Verbesserung.

Der zugeschaltete Widerstand betrug 99 900 Ohm, der Widerstand des Elementes, berechnet aus den Flüssigkeitssäulen, annähernd 200 Ohm, wobei der Galvanometerwiderstand zu vernachlässigen ist. Die elektromotorische Kraft des Elementes ist 1,177 Volt, folglich wird, da C im absoluten Maß $^1/_{10}$ von C im konventionellen Maßsystem ist,

$$C = \frac{1{,}_{177}}{100\,100 \cdot \alpha \cdot 10} = \frac{1{,}_{177}}{100\,100 \cdot 77{,}_{35} \cdot 10} = 0{,}_{000\,000\,015\,202}.$$

Beispiel für τ: Den 21. Februar 1889.

Beobachtete Zeiten:

$2^h\ 44'$	$3''$	$3^h\ 10'$	$7''$
	$16''$		$20''$
	$31''$		$36''$
	$46''$		$50''$
	$59''$	$11'$	$3''$
$45'$	$13''$		$16''$
	$28''$		$31''$

---

sondern die voraussichtlichen Aenderungen derselben mit der Qualität des Eisens dadurch zu berücksichtigen, daſs ich c als Variable aus einer Gleichung bestimmen wollte

$$c = \alpha + \beta Z + \gamma Z^2,$$

$$\text{worin } Z = \frac{1}{Z_{\max}} \text{ sein sollte.}$$

Die Konstanten dieser Gleichung α, β, γ bestimmen sich aus den Versuchen nach der Methode der kleinen Quadrate

$$\alpha = \frac{\Sigma c\, \Sigma Z^2 \cdot \Sigma Z^4 - \Sigma c\, (\Sigma Z^3) c - \Sigma Z \Sigma Z \cdot c\, \Sigma Z^4 + \Sigma Z \Sigma Z^3\, \Sigma c\, Z^2 + \Sigma Z^2\, \Sigma Z c\, \Sigma Z^3 - (\Sigma Z^2)^2\, \Sigma c\, Z^2}{n\, \Sigma Z^2\, \Sigma Z^4 - n\, (\Sigma Z^3)^2 - (\Sigma Z^2)\, \Sigma Z^4 + 2\, \Sigma Z \Sigma Z^3\, \Sigma Z^2 - (\Sigma Z^2)^3}$$

$$\beta = \frac{n\, \Sigma Z c\, \Sigma Z^4 - n\, \Sigma Z^3\, \Sigma c\, Z^2 - \Sigma c\, \Sigma Z \Sigma Z^4 + \Sigma c\, \Sigma Z^3\, \Sigma Z^2 + \Sigma Z^2\, \Sigma Z\, \Sigma c\, Z^2 - (\Sigma Z^2)^2\, \Sigma Z c}{n\, \Sigma Z^2\, \Sigma Z^4 - n\, (\Sigma Z^3)^2 - (\Sigma Z^2)\, \Sigma Z^4 + 2\, \Sigma Z \Sigma Z^3 \cdot \Sigma Z^2 - (\Sigma Z^2)^3}$$

$$\gamma = \frac{n\, \Sigma Z^2\, \Sigma c\, Z^2 - n\, \Sigma Z c\, \Sigma Z^3 - (\Sigma Z)^2\, \Sigma c\, Z^2 + \Sigma Z \Sigma Z c\, \Sigma Z^2 + \Sigma c\, \Sigma Z \Sigma Z^3 - \Sigma c\, (\Sigma Z^2)^2}{n\, \Sigma Z^2\, \Sigma Z^4 - n\, (\Sigma Z^3)^2 - (\Sigma Z^2)\, \Sigma Z^4 + 2\, \Sigma Z \Sigma Z^3\, \Sigma Z^2 - (\Sigma Z^2)^3}.$$

Diese Bestimmung von c habe ich jedoch später fallen gelassen zu Ungunsten der Genauigkeit der Rechnungen nach Kapp, aber zu Gunsten der Einfachheit. Uebrigens lösen sich die Differentialgleichungen für obige Konstanten besser mit numerischen Werthen, wie es später bei der Bestimmung der Abhängigkeit von $Z_{\max}$ vom spezifischen Gewicht geschehen wird.

$$2^{\text{h}} 45' 43'' \qquad 47''$$
$$56'' \qquad 12' 0''$$
$$46' 10'' \qquad 13''$$
$$24'' \qquad 28''$$
$$39'' \qquad 43''$$
$$52'' \qquad 56''$$
$$47' 6'' \cdot \qquad 13' 10''$$

Annäherung von τ.

$2^{\text{h}} 44' 3''$ wird von $2^{\text{h}} 45' 43''$ abgezogen,

$2^{\text{h}} 44' 16''$ „ „ $2^{\text{h}} 45' 56''$ „ u. s. w.

giebt 100 Sekunden. ebenso 100
$$100 \qquad\qquad 100$$
$$99 \qquad\qquad 97$$
$$98 \qquad\qquad 98$$
$$100 \qquad\qquad 100$$
$$99 \qquad\qquad 100$$
$$98 \qquad\qquad 99$$

Mittel 99,014.

Dies ist die Zeit $14\,\tau$, folglich Annäherung $\tau = 7{,}072$.

Die wahren zu rechnenden Zeiten liegen zwischen $2^{\text{h}} 45' 28''$ und $2^{\text{h}} 45' 43'$ einerseits und $3^{\text{h}} 11' 31''$ und $3^{\text{h}} 11' 47''$ andererseits.

Die Mittel zwischen $2^{\text{h}} 44' 3''$ und $2^{\text{h}} 47' 6''$

und $2^{\text{h}} 44' 16''$ und $2^{\text{h}} 46' 52''$ u. s. w.

ergeben:

$$2^{\text{h}} 45' 35{,}5'', \text{ ebenso } 3^{\text{h}} 11' 39{,}0''$$
$$34{,}5'' \qquad\qquad 38{,}0''$$
$$34{,}5'' \qquad\qquad 38{,}0''$$
$$35{,}0'' \qquad\qquad 39{,}0''$$
$$35{,}0'' \qquad\qquad 39{,}5''$$
$$34{,}0'' \qquad\qquad 38{,}0''$$
$$34{,}5'' \qquad\qquad 38{,}5''$$

Mittel:

$$2^{\text{h}} 45' 34{,}71'' \qquad 3^{\text{h}} 11' 38{,}57''.$$

Differenz 1563,86 Sekunden.

1563,86 durch das angenäherte $\tau = 7{,}072$ zu dividiren und die nächstliegende gerade Zahl rückwärts hineinzudividiren.

Die Logarithmen lauten:

zu	log
1563,86	3,1 931 979
7,072	0,8 495 423
	2,3 436 556
	3,1 931 979
220	2,3 424 227
τ	0,8 507 752

Also: $\tau = 7{,}0921$.

Beispiel für die Dämpfung.

Den 11. April 1889.

Abgelesene Zahlen für $w_w = \infty$, d. h. bei offenem Stromkreise:

210,1

666,9

404,5

555,1

468,7

518,2.

Diese Zahlen sind noch wegen der Geradheit der Skala auf eine solche in Kreisbogenform zurückzuführen. Die verbesserten Werthe lauten:

	Differenzen	Logarithmen	Differenzen
211,0	455,7	2,65 868	
666,7	262,2	2,41 868	0,24 005
404,5	150,6	2,17 782	0,24 081
555,1	86,4	1,93 651	0,24 131
468,7	49,5	1,69 461	0,24 190.
518,2			

Die rechtsstehenden Differenzen geben den Werth von λ_∞ an; 7 solche Posten vereinigt liefern den Mittelwerth

$$\lambda_\infty = 0{,}240\,54$$
$$k = 1{,}7400$$

Die anwendbare Rechnung von $k^{\frac{1}{\pi} \operatorname{arc\,tg} \frac{\pi}{\Lambda}} = 1 + 1{,}16\,\lambda$ ergiebt

$$k^{\frac{1}{\pi} \operatorname{arc\,tg} \frac{\pi}{\Lambda}} = 1{,}2\,790\,264.$$

Der Werth 1,279 ist also in die Formel für Z einzusetzen, falls $w_w = \infty$.

Zum Schluſs diene als Beispiel der Rechnung der Kraftlinienzahlen das folgende:

Den 21. März 1889.

Guſseisen 3. Kurve.

Es betrug in diesem Fall $w_s = 13{,}45$ Ohm

überhaupt $w_l + w_g = 21{,}69$ „

Summe 35,14 Ohm.

Die Zusatzwiderstände w_w in diesem Falle waren, 200, 100 und 20 Siemens, oder 188,68; 94,34; 18,87 Ohm.

Es gehören also zu den Zuzatzwiderständen w_w die in der nachstehenden Tabelle angegebenen Gesammtwiderstände und aus der Kurventafel für $k^{\frac{1}{\pi} \operatorname{arc\,tg} \frac{\pi}{\Lambda}}$ abgelesen die ebenda angegebenen Werthe für diesen Ausdruck. Zu bemerken ist, daſs diese Kurventafel nach dem gesammten zu der Leitung hinzugeschalteten Widerstande entworfen werden muſs, d. h. die Abscissen sind nicht etwa w_w, sondern $w_w + w_s$, in unserem Fall: 214,25 Siemens, 114,25 und 34,25 Siemens.

Die Tabelle lautet:

$w_w = S$	$w = \text{Ohm}$	$k^{\frac{1}{\pi} \text{arc tg} \frac{\pi}{\Lambda}}$
200	223,82	1,297
100	129,48	1,308
20	54,01	1,356

Wir wählen z. B. die Stromstärke $I = 2$ Ampère; bei dieser sind folgende Ausschläge abgelesen:

$$
\begin{array}{l}
757{,}5 \\
237{,}0
\end{array}
\text{Verbessert:}
\begin{array}{l}
756{,}1 \\
237{,}7 \\
\hline
\text{Diff. } 518{,}4 \\
\alpha = 259{,}2.
\end{array}
$$

Zur Berechnung von Z ist, da der Zusatzwiderstand bei $I = 2{,}200$ Siemens betrug, einzusetzen $w = 223{,}82$ und $k^{\frac{1}{\pi} \text{arc tg} \frac{\pi}{\Lambda}} = 1{,}297$. Wir haben folgende Logarithmen:

zu	log
C	0,18 104 —8
τ	0,85 099
k^w	0,11 294
w	11,84 990
α	2,41 333
Zähler	6,90 850

Im Nenner steht die Anzahl der sekundären Windungen. Dieselbe betrug 242. Der Logarithmus des Nenners beträgt also 3,18 200, nämlich log. $(\pi \cdot 242 \cdot 2)$.

Folglich ist die Rechnung:

zu	log
Zähler	0,90 850
Nenner	3,18 200
Z	3,72 650

In dem Fall der Kurvenberechnung wollen wir jedoch die Kraftlinien pro Quadratcentimeter kennen.

Der Querschnitt q ist durch Wägung zu 0,39 886 qcm gefunden. Durch Division desselben in Z finden wir Z_{qcm}. Die Kraftlinienzahl pro Quadratcentimeter:

zu	log	
Z	3,72 650	
q	0,60 083 —1	d. h. $Z_{qcm} = 13\,356$.
Z_{qcm}	4,12 567	

Diese Beispiele mögen zur Veranschaulichung der Ausrechnungsart genügen. Bezüglich einzelner besonderer Fälle werde ich noch Rechnungen an Ort und Stelle nachtragen.

Die mit Hülfe des vorbeschriebenen Siderognosts (mit 693 Windungen) untersuchten Eisensorten waren sechs.

Zwei derselben stammten von Ravené, eins war schwedisches, eins Siegener, eins gewöhnliches Bandeisen und eins war ein aus einem kleinen Schuckert'schen Motor entnommenes Stück Gußeisen. Die beiden Sorten von Ravené unterscheide ich nach ihrem Querschnitt als Ravené □ und Ravené ▭.

Die nachfolgende Tafel giebt die Querschnitte an, gefunden durch Wägung:

	Ravené □	Ravené ▭	Schwedisch	Siegener	Gew. Band	Gufs
Volumen in cbmm .	1,0013 . 23,5	1,0013 . 11,12	1,0013 . 13,27	1,0013 . 57,17	1,0013 . 295,4	1,0013 . 60,0
Länge in cm	4,06	7,07	8,14	7,13	7,125	5,15
Querschnitt q in qcm	0,057931	0,15743	0,1630	0,08026	0,41502	0,11662

Indem ich die weiteren Rechnungen, welche genau den obigen Beispielen entsprechen, übergehe, führe ich in der folgenden großen Tafel die gefundenen Werthe an. Zum Verständnifs der Bezeichnungen ist hinzuzufügen, dafs bedeutet:

$Z_{0,5}$ wirkliche Kraftlinienzahl bei der Stromstärke 0,5 Ampère;

$Z_{qcm\,(1)}$ Kraftlinien pro qcm bei der Stromstärke 1 Ampère;

Z_{max} und $Z_{max\,(qcm)}$ Kraftlinien bei der höchsten Stromstärke von ca. 17 Ampère;

$Z_{a\,(2)}$ Kraftlinien im äußeren Magnetkreise, d. h. im U-förmigen Siderognostschlufseisen bei der Stromstärke 2 Ampère;

σ_a Sättigung im äußeren Magnetkreise;

σ_i Sättigung im inneren Magnetkreise, dem Versuchsstück;

a und b die früher bezeichneten Rechnungsgrößen;

σ_a, σ_i, a und b erhalten ebenfalls Indices der Stromstärke.

	Ravené □	Ravené ▭	Schwedisch	Siegener	Gew. Band	Gufs
Z_2	1 202	3 343	3 500	1 759	8 340	1 675
Z_1		3 089			7 741	
$Z_{0,5}$	1 028	2 853	2 996	1 477	7 098	1 164
$Z_{0,1}$	778	2 185	2 292	1 194	5 536	724
$Z_{0,03}$	289	922	1 137	380	1 214	230
$Z_{a\,(2)}$	51 050	45 900	45 930	43 800	50 740	43 870
$Z_{a\,(1)}$	20 250	24 300	24 350	22 350	28 790	22 400
$Z_{a\,(0,5)}$	8 250	13 250	13 300	11 300	17 010	11 320
$Z_{a\,(0,1)}$	1 500	3 900	3 950	2 500	6 800	2 550
$Z_{a\,(0,03)}$	350	1 100	1 112	500	1 660	600

	Ravené □	Ravené ▭	Schwedisch	Siegener	Gew. Band	Guß
Z_{max}	1 412	4 361	4 382	2 316	9 879	2 359
$Z_{qcm\ (2)}$	20 750	21 236	21 455	21 914	20 095	14 367
$Z_{qcm\ (1)}$		19 624			18 653	
$Z_{qcm\ (0,5)}$	17 752	17 993	18 364	18 406	17 102	9 983
$Z_{qcm\ (0,1)}$	13 439	13 879	14 051	14 877	13 339	6 220
$Z_{qcm\ (0,03)}$	4 986	5 854	6 968	4 740	2 924	1 969
$Z_{max}^{(qcm)}$	24 373	27 703	26 890	28 852	23 804	20 230
$\sigma_{a\ (2)}$	0,2454	0,2207	0,2208	0,2106	0,2439	0,2109
$\sigma_{a\ (1)}$		0,1108			0,1384	
$\sigma_{a\ (0,5)}$	0,03966	0,06370	0,06394	0,05433	0,08178	0,05442
$\sigma_{a\ (0,1)}$	0,007212	0,01875	0,01899	0,01202	0,03269	0,01226
$\sigma_{a\ (0,03)}$	0,001683	0,005289	0,005346	0,002404	0,007981	0,002885
$\sigma_{i\ (2)}$	0,8514	0,7668	0,7981	0,7594	0,8445	
$\sigma_{i\ (1)}$	0,7283	0,7083			0,7836	
$\sigma_{i\ (0,5)}$	0,5514	0,6801	0,6828	0,6381	0,7185	
$\sigma_{i\ (0,1)}$	0,2046	0,5011	0,5225	0,5158	0,5605	
$\sigma_{i\ (0,03)}$		0,2113	0,2591	0,1643	0,1229	
$a_{(2)}$	1,051	1,042	1,042	1,039	1,051	
$a_{(1)}$		1,011			1,017	
$a_{(0,5)}$	1,002	1,004	1,004	1,003	1,007	
$a_{(0,1)}$	1,001	1,002	1,002	1,001	1,002	
$a_{(0,03)}$	1,000	1,000	1,000	1,000	1,001	
$b_{(2)}$	3,147	2,160	2,422	2,112	3,024	
$b_{(1)}$		1,820			2,295	
$b_{(0,5)}$	1,922	1,700	1,713	1,562	1,873	
$b_{(0,1)}$	1,358	1,274	1,305	1,298	1,372	
$b_{(0,03)}$	1,037	1,039	1,058	1,025	1,013	

Noch Einiges zur Erklärung der vorstehenden Größen. Die Größen Z sind sämmtlich direkt beobachtete Werthe. Die Größen σ, a und b dagegen sind nach Kapp aus dem Tangentengesetz abgeleitet, indem vorausgesetzt wird, daß die Stromstärke ca. 17 Ampère genügt, um dem Maximum (nach Kapp) genügend nahe zu kommen. a und b sind die aus dieser Voraussetzung sich ergebenden Tangentenfaktoren.

Die Aufstellung für σ, a und b habe ich nur für Schmiedeeisen gemacht, weil die Auftragung der Magnetisirungskurven sofort ergab, daß Gußeisen sich anders verhält als Schmiedeeisen, denn hierfür steigt der Magnetismus viel schneller an, als für jenes.

Die Kurven (Tafel I Fig. 2) zeigen die Werthe Z_{qcm} als Funktion von I der Stromstärke. Dieselben lassen schon von vornherein einen großen Unterschied gegen die Tangentenkurve erkennen, welche ebenfalls eingetragen ist, doch läßt sich noch nicht behaupten, daß die Abweichung nicht durch Vorhandensein des Schluß- (Siderognost-) Widerstandes bewirkt werde.

Die weitere Rechnung wird uns darüber belehren. Wir wissen, falls das Tangentengesetz gilt, muſs die Rechnung nach der Methode der kleinsten Quadrate wie oben angegeben den wahren Werth für die Widerstandskonstante c liefern.

Wir brauchen zur Durchführung derselben die Größen α, β, γ, δ, ε, welche ihrerseits die Werthe Z^2, a^2, I etc. in sich fassen.

Die folgenden Tafeln enthalten diese Größen für jedes Eisen besonders. Dabei ist zu bemerken, daſs die Stromstärken nur Näherungswerthe sind, die genauen Messungen ergaben statt der Werthe 2, 1, 0,5, 0,1 0,003 der Reihe nach die Größen 2,012, 1,011, 0,5105, 0,1101, 0,03003.

Ravené □.

I	Z^2	a^2	$Z^2 . a^2$	$ab Z^2$	IZ_a
2	1 444 800	1,1046	1 595 900	4 778 700	254,180
1					
0,5	1 056 800	1,0040	1 061 000	2 035 200	52,585
0,1	605 284	1,0020	606 490	822 790	8,574
0,03	83 521	1,0000	83 521	86 611	0,868

Ravené ☐.

I	Z^2	a^2	$Z^2 a^2$	$ab Z^2$	$I Z_a$
2	11 175 600	1,0858	12 135 000	25 247 000	700,860
1	9 541 900	1,0221	9 752 800	17 557 000	315,780
0,5	8 025 900	1,0080	8 090 100	13 699 000	145,200
0,1	4 774 200	1,0040	4 793 300	6 094 500	24,105
0,03	850 084	1,0000	850 084	883 230	2,768

Schwedisch.

I	Z^2	a^2	$Z^2 a^2$	$ab Z^2$	$I Z_a$
2	12 250 000	1,0858	13 301 000	30 916 000	733,776
0,5	8 976 000	1,0080	9 047 800	15 545 000	153,558
0,1	5 253 300	1,0040	5 274 300	6 869 200	25,285
0,03	1 292 800	1,0000	1 292 800	1 367 700	3,414

Siegener.

I	Z^2	a^2	$Z^2 a^2$	$ab Z^2$	$I Z_a$
2	3 094 100	1,0795	3 340 100	6 789 600	367,713
0,5	2 181 500	1,0060	2 194 600	3 417 800	75,627
0,1	1 425 600	1,0020	1 428 400	1 852 300	13,159
0,03	144 400	1,0000	144 400	148 010	1,141

Gew. Band.

I	Z^2	a^2	$Z^2 a^2$	$ab Z^2$	$I Z_a$
2	69 555 600	1,1046	76 831 000	221 064 000	1 763,554
1	59 923 100	1,0343	61 979 000	139 861 000	795,920
0,5	50 381 600	1,0140	51 087 000	95 026 000	364,890
0,1	30 647 300	1,0040	30 770 000	42 132 000	61,073
0,03	1 473 800	1,0020	1 476 700	1 494 500	3,649

Ravené □.

I	b^2	$Z^2 b^2$	$I Z_b$
2	9,9036	14 308 000	761,080
0,5	3,6941	3 903 900	100,870
0,1	1,8442	1 116 300	11,632
0,03	1,0754	89 819	0,900

Ravené ▭.

I	b^2	$Z^2 b^2$	$I Z_b$
2	4,7002	52 529 000	1 458,220
1	3,3124	31 607 000	568,380
0,5	2,8900	23 195 000	245,860
0,1	1,6231	7 749 000	30,648
0,03	1,0795	917 660	2,877

Schwedisch.

I	b^2	$Z^2 b^2$.	$I Z_b$
2	5,8661	71 860 000	1 705,570
0,5	2,9344	26 339 000	262,000
0,1	1,7030	8 946 400	32,932
0,03	1,1194	1 447 100	3,612

Siegener.

I	b^2	$Z^2 b^2$	$I Z_b$
2	4,4605	13 801 000	747,459
0,5	2,4398	5 322 400	117,776
0,1	1,6874	2 405 600	17,063
0,03	1,0506	151 700	1,170

Gew. Band.

I	b^2	$Z^2 b^2$	ZI_b
2	9,1446	636 062 000	5 074,292
1	5,2670	315 614 000	1 796,192
0,5	3,5081	176 745 000	678,687
0,1	1,8824	57 690 000	83,625
0,03	1,0262	1 512 400	3,609

Schwedisch.

α	β	γ	δ	ε
28 915 900	54 697 900	634 810	108 592 500	1 388 800

Gew. Band.

α	β	γ	δ	ε
222 163 700	509 577 500	2 071 436	1 187 623 400	5 292 030

Die beiden letzten Tafeln enthalten die zur Berechnung der Grundkonstanten A und B nothwendigen Größen α, β, γ, δ ε, wie diese nach der Methode der kleinsten Quadräte folgen. Versuchen wir jetzt durch Einsetzen dieser Größen die Werthe A und B zu bilden, so finden wir für den Ausdruck

$$A = \frac{\gamma\delta - \varepsilon\beta}{\alpha\delta - \beta^2}$$

für das gewöhnliche Bandeisen:

Der Nenner wird positiv, der Zähler negativ. Daraus würde folgen A ist negativ.
Für das schwedische Eisen folgt ebenso:

Der Nenner ist positiv, der Zähler negativ. Für beide Eisen würde demnach aus der vorigen Rechnung A sich negativ ergeben.
Es ist aber

$$A = c \cdot \frac{l}{q},$$

wobei c die Grundkonstante, l die Länge und q den Querschnitt des Versuchseisens bedeuten; A kann also unmöglich negativ sein. Die Kapp'sche Gleichung verlangt vielmehr durchaus positive Größen.
Was ergiebt sich hieraus?
Zur Beantwortung dieser Frage haben wir nur nöthig, uns zu vergegenwärtigen, daß die Methode der kleinsten Quadrate zwar für die Beobachtungen, welche ihr zu Grunde gelegt werden, in unbegrenzter Weise zufällige Fehler zuläßt, doch ist sie nur dann im Stande, Werthe zu liefern, welche einen Sinn haben, falls das zu Grunde gelegte Gesetz der Gleichungen thatsächlich eine Annäherung an die Wirklichkeit darstellt.

Ist dies nicht der Fall, so versagt die Methode; oder richtiger gesagt, die Rechnung ist ein Prüfstein für die Anwendbarkeit des Gesetzes; liefert sie kein Ergebnifs, so ist das Gesetz unwiderleglich falsch.

Die Schlufsfolgerung lehrt uns also: der Widerstandsfaktor der Kapp'schen Gleichung verläuft nach einem von dem Tangentengesetz wesentlich verschiedenen Gesetz.

In diesem Lichte betrachtet zeigt sich aber diese ganze mühevoll ausgeführte Versuchsreihe als fast vollkommen werthlos. Der einzige Zweck, welcher damit erreicht werden konnte, war der, die Grundkonstante des Widerstandes zu bestimmen, falls das Tangentengesetz gilt. Die Anwendbarkeit desselben ist aber widerlegt, und so ist das reiche Beobachtungsmaterial nicht im Stande, uns irgend welche richtigen Zahlen zu liefern.

Wollen wir demnach etwas über die Werthe der Kapp'schen Gleichung feststellen, so müssen wir die Aufgabe verallgemeinern. Es ist also nothwendig, unter genauer Beachtung der Kapp'schen Grundbedingungen die wirkliche Magnetisirungskurve festzustellen, von der wir nunmehr wissen, dafs sie mit dem Tangentengesetz nichts zu thun hat.

Dieser Umstand versetzt uns wieder in die am Anfang der vorstehenden Erörterungen erwähnte schwierige Lage. Nämlich jede Kraftlinienstreuung mufs vollkommen vermieden werden, wenn wir die wahre Magnetisirungskurve erhalten wollen, d. h. die reziproke Kurve des Widerstandsfaktors, und zwar nicht nur den relativen Verhältnissen nach, sondern nach ihrem absoluten Widerstandswerthe.

Wie bereits ausgeführt, ist eine solche Feststellung nur bei Untersuchung von Ringen möglich, deren Anwendbarkeit andererseits wieder vollkommen ausgeschlossen ist. Die Anordnung des Siderognosts ist nun zwar eine derartige, dafs der Schlufswiderstand und damit die Kraftlinienstreuung verhältnifsmäßig klein ausfällt. Wie sich aber aus dem Anblick der Magnetisirungskurve sofort ergiebt, besitzt das Eisen bei geringer Sättigung durchaus nicht den geringsten magnetischen Widerstand, vielmehr nimmt derselbe anfangs ab und dann wieder zu, eine Thatsache, welche auch die Hopkinson'schen und Ewing'schen Kurven lehren. Dieser Umstand vermehrt aber in unbekannter Weise den Schlufswiderstand bei geringen Sättigungen und Stromstärken, und während uns nach den alten Annahmen das Verhältnifs des Schlufswiderstandes zum Widerstande des Versuchsstückes durch die Sättigungen gegeben war, sind wir nunmehr über seine Größe ziemlich im Unklaren, können aber mit Bestimmtheit sagen, dafs er viel größer ausfällt, als er nach dem Tangentengesetz sein sollte.

Weil also der Schlufswiderstand so groß ist, dafs wir nicht eine Annäherung des Widerstandsgesetzes direkt den mitgetheilten Kurven unter diesen Umständen entnehmen können, um durch Einsetzen dieser angenäherten Werthe für den Schlufswiderstand die Magnetisirungskurve zu verbessern, welche uns durch den Schlufswiderstand entstellt entgegentritt, müssen wir dafür Sorge tragen, dafs der Schlufswiderstand noch bedeutend kleiner im Verhältnifs zum Versuchswiderstande wird. Aus diesem Grunde, habe ich zu weiteren Versuchen neue, in anderer Weise als der erste gebaute Siderognoste verwendet.

8

Neue Festsetzungen.

Der Plan der Untersuchung mußte folgender sein:

Es ist durch meine vorstehenden Versuche erwiesen:

1. Die Widerstandsänderung des Eisens ist so weit von dem Tangentengesetz entfernt, daß wir nicht im Stande sind, über die Größe des Schlußwiderstandes genaue Festsetzungen zu treffen.

2. Da die Magnetisirungskurve im Nullpunkt nicht als Tangente zur Ordinaten-, sondern zur Abscissenachse beginnt, ist eine Beziehung auf einen Anfangswiderstand nach Kapp unmöglich; denn derselbe würde gleich einer Annäherung an Unendlich sein.

3. Die Magnetisirungkurven steigen bei den hohen magnetisirenden Kräften, welche anzuwenden der Siderognost gestattet, noch so deutlich an, daß von einem Maximum der Magnetisirung nach der Idee Kapp's nicht die Rede sein kann. Der Widerstand nähert sich mit zunehmender magnetisirender Kraft keiner Grenze, sondern zu jeder magnetisirenden Kraft gehört ein besonderer Widerstandsfaktor.

Will man nun die Rechnungsweise nach Kapp trotz dieser Nichterfüllung der wichtigsten Punkte ermöglichen, so ist es nothwendig, andere Festsetzungen über die Bestimmung der Konstanten zu treffen und man wird naturgemäß zu den Definitionen geführt, welche meiner weiteren Untersuchung zu Grunde liegen.

Bevor ich jedoch meine neuen Definitionen einführe, scheint es mir nothwendig zu sein, darauf hinzuweisen, weshalb die bisherigen Rechnungen an Dynamomaschinen trotz der Unrichtigkeit des Tangentengesetzes einigermaßen richtige Ergebnisse lieferten.

Die Konstanten Kapp's sind aus genau ähnlichen Verhältnissen abgeleitet, wie sie umgekehrt bei der Rechnung benutzt werden. Die Grenzen aber, in denen sich die Aenderung des Widerstandsfaktors bei den Rechnungen an Dynamomaschinen bewegt, sind sehr enge. Fast alle Maschinen arbeiten an demselben Theile der Magnetisirungskurve, die Sättigung ist eine sehr geringe, jedoch selbst beim ersten Angehen besitzen die Maschinen einen Magnetismus, welcher über den ersten Theil der Magnetisirungskurve schon hinaus liegt. Dazu kommt ferner noch der Umstand, daß die meisten Maschinen und gerade die zu den Kapp'schen Rechnungen benutzten aus Gußeisen sind, und wir sahen, daß die Kurve für solches Eisen einen ganz anderen Verlauf besitzt, als die für Schmiedeeisen. Kapp nimmt aber für beide dasselbe Gesetz an.

Ein Blick auf die Kurve für mittleres Schmiedeeisen (Tafel I Fig. 2), welche die Mittelkurve aus den 4 Kurven für die untersuchten Schmiedeeisensorten ist, lehrt uns, daß diese Kurve von der für Gußeisen darin wesentlich abweicht, daß das Ansteigen bei Guß weit langsamer eintritt als bei Schmiedeeisen. Ja, ein gewisser Theil der Gußeisenkurve ist von dem Charakter der Tangentenkurve nicht allzu verschieden. Dieser Theil liegt aber gerade an der Stelle der Kurve, an der die Maschinen arbeiten.

Weiter bestimmt Kapp das praktische Maximum der Sättigung und zwar mit verhältnifsmäßig geringen Strömen, von welchen wir sahen, dafs sie bedeutend weniger liefern als die starken von mir benutzten.

Der Erfolg ist der, dafs sich die verschiedenen Fehler der Voraussetzungen in gewissem Grade ausgleichen und eine viel größere Annäherung zu Stande kommt, als man nach den Abweichungen der Gesetze erwarten sollte.

Auch andere Umstände noch spielen mit. Die Streuung der Kraftlinien hat man bisher immer zu gering angenommen, wie ich bereits an anderer Stelle*) gezeigt habe. Auch setzt Kapp das Potential für die Streuung gleich dem Ankerpotential, was wiederum falsch ist.

Nach diesem Hinweis auf die Gründe der scheinbaren Uebereinstimmung der früheren Rechnungen mit der Wirklichkeit komme ich nunmehr zu meinen neuen Festsetzungen.

Zu Grunde liegt folgende Anschauung:

Behufs Ermittelung eines sogenannten praktischen Maximums müssen wir so starke Ströme und eine solche Anordnung verwenden, dafs die Kraftlinienstreuung vom Versuchsstück trotz der durch jene erzielten hohen Kraftlinienzahl möglichst gering, d. h. die Sättigung eine möglichst gleichmäßige wird.

Die Bestimmung erfordert aber nicht nur die Anwendung einer größeren Magnetisirungsrolle, wie die frühere, sondern auch eine größere Eisenmasse für den Schlufs und — wegen der Erwärmung der Drähte — eine Schutzvorrichtung für das Versuchsstück gegen Erwärmung.

Wie bereits mitgetheilt, ließ sich eine solche beim alten Siderognost nicht gut vermeiden. Außerdem besitzt derselbe die unangenehme Eigenschaft, wenn einmal erhitzt, im Laufe der nächsten Stunden keine zweite Messung zu gestatten, da die Rolle sehr lange ihre hohe Temperatur behält. Das einzige Mittel zur Beseitigung dieses Uebelstandes bietet sich in einer Wasserkühlung.

Diesen Siderognost aber, wie früher, zugleich zur Bestimmung der Kurve zu benutzen, erscheint deshalb nicht zweckmäßig, weil die große Rolle die Länge des Eisenschlusses unnütz vermehrt, während die hierzu erforderliche geringe magnetisirende Kraft sich viel besser mit wenigen Windungen und nicht übermäßig geringen Strömen herstellen läfst.

Ich habe daher zwei äußerlich sehr verschiedene Siderognoste benutzt, welche sich auch dadurch noch unterschieden, dafs als Auflagefläche für die Versuchsstücke bei dem großen Siderognost die ganze Endebene des U-Stückes diente, soweit das Versuchsstück reichte, bei dem kleinen Apparat jedoch diese Fläche so weit reduzirt war, dafs die Länge des Versuchsstückes, welche hierbei für die Rechnung gebraucht wird, nur in geringem Grade zweifelhaft blieb. Außerdem besitzt derselbe größeren Querschnitt und eine größere Länge des Versuchsstückes zum Zweck, das Verhältnifs des Schlufswiderstandes zum Versuchswiderstande möglichst klein zu gestalten.

Die beiden Apparate sind nach Photographien (Fig. 9, 11, 12, 13) dargestellt.

---

*) Elektrot. Zeitschrift 1888.

Die Maße des großen Siderognosts sind:

Breite der Rolle 5 cm, Durchmesser 36 cm, innere Oeffnung 4 cm, Breite des Eisens 8 cm, Dicke 5 cm. Die Deckstücke sind 12 cm × 3 cm × 5 cm und nur in der Mitte von rechteckigem Querschnitt, größtentheils aber ist die innere Kante derselben und die gegenüberliegende des U-Eisens schräge abgehobelt, um Raum für die Drahtenden und Kühlrohre zu schaffen.

Die Kühlung besteht aus 3 Abtheilungen eines 5 mm starken, dünnwandigen Messing-Kühlrohres, welche parallel geschaltet sind und von welchen die innerste Abtheilung gleich auf das Verbindungsrohr der Spulenplatten gewickelt ist. Der Kupferdraht ist 1,5 mm stark und hat 1000 Windungen.

Die Maße des kleinen Siderognosts sind:

Breite der Spule 6 cm, Dicke 8 cm, innere Oeffnung 1,2 cm, Breite des U-Eisens 10 cm, Dicke der senkrechten Theile 4,5 cm, der unteren Verbindung 5 cm. Die Deckelstücke sind 2 cm × 10 cm × 4,5 cm und in der Mitte der Auflagefläche ebenso wie die gegenüberliegende Auflagefläche des U-Eisens derartig schräge ausgehobelt, daß nur ein 5 mm breiter Streifen zur Auflage des Versuchseisens dient.

Die Drahtdicke beträgt 0,5 mm, die Windungszahl 1174. Außer dieser Magnetisirungsrolle wurde aus rein praktischen Gründen noch eine kleinere verwendet, welche nur eine Lage

Fig. 11.

Draht und 86 Windungen besaß; dieselbe gestattet, für die geringeren Zahlen der Ampèrewindungen verhältnißmäßig stärkere Ströme zu verwenden, was bei der Messung der Ströme durch das Torsionsgalvanometer sehr wünschenswerth erscheint.

Als Widerstände zur Stromstärkemessung durch die am Torsionsgalvanometer abgelesene Spannung dienten wie früher 0,5; 1; 2; 10; 50 Ohm; Widerstände, welche in der Drahtdicke so stark bemessen waren, daß eine Erwärmung derselben nicht eintrat.

Die Stromwendung nahm bei diesen Versuchen der Beobachter der Stromstärke vor, weil es mehr darauf ankam, daß der Strom im Moment der richtigen Größe gewendet wurde, als wenn es dem Beobachter am Fernrohr bequem war. In Folge der ganz vorzüglichen Telegraphen- und Telephonverständigung wurde dies ohne Störung ermöglicht.

Zum Umschalten diente ein Stromwender, bestehend aus zwei starken Kupferstreifen mit Stahlbelag, sehr dicken, oben ganz ebenen Messingkontaktstücken und Zwischenlage von Schiefer, welche als Gleitschiene dient. Die Zwischenräume zwischen jenen sind sehr groß. Der Umschalter hat sich selbst bei den stärksten Strömen und Spannungen sehr gut bewährt. Beim Wenden des Stromes für den großen Siderognost betrug die statische Stromstärke 20 Ampère bei ca. 200 Volt Totalspannung, ein Werth, der sich beim Umkehren in Folge der ungeheuren Selbstinduktion des Siderognosts offenbar beträchtlich vergrößerte.

Die Messung mit dem großen Siderognost erforderte erhöhte Vorsicht. Trotz zweckentsprechender Behandlung desselben schlug die Spule dreimal durch, was jedesmal eine Neuwickelung der Drähte und Kühlröhren nothwendig machte. Wir mußten die Messingscheiben mit Kartonpapier bedecken und so gegen das dynamische Potential der Stromumkehrung schützen. In diesem Zustande hielt sich der Apparat, während sich sonst alsbald Schmelzverbindungen zwischen Draht und Scheiben herstellten, eine in der Nähe des Anfanges und eine in der Nähe des Endes der Drahtbewickelung. Diese Stellen erschienen dann vollkommen verlöthet. Da es sich ferner

Fig. 12.   Fig. 13.

Anfangs herausstellte, daß die Löthstellen der Wasserkühlung undicht waren und auch bei Neuanfertigung die Dichthaltung derselben sich sehr schwierig gestaltete, so wurde das Kühlwasser nicht, wie Anfangs beabsichtigt, mit dem Wasserleitungsdruck von 5 Atm. hindurchgetrieben, obgleich die später vollkommene Dichtheit der Kühlröhren diese Ausführung gestattet hätte, sondern mit Hülfe einer gut arbeitenden Wasserluftpumpe hindurchgesogen. Zu diesem Zweck war ein Wasserreservoir, gespeist von der Wasserleitung mit dem einen Ende der vereinigten Kühlröhren, eine am Ausguß der Wasserleitung aufgestellte Luftpumpe mit weitem Konus mit dem anderen Ende derselben verbunden.

Der Strom wurde nur so lange geschlossen, als unbedingt nothwendig war, während das Kühlwasser unaufhörlich floß und so die inzwischen angesammelte Wärme vollständig wieder entführte.

Während der Strom des kleinen Siderognosts bis 20 Bunsenelemente mit Chromsäure benöthigte, lieferten eine Schuckert-Maschine von 100 Volt und 25 Ampère und eine Lahmeyer-Maschine von 65 Volt und 25 Ampère hintereinander geschaltet den Strom von 20 Ampère für den großen Siderognost. Gemessen wurde derselbe an einem Klavierwiderstand mit dem Torsionsgalvanometer. Der Gasmotor, welcher die Schuckert-, und die Turbine, welche die Lahmeyer-Maschine trieb, wurden regulirt und passender Widerstand in den Hauptstromkreis eingeschaltet.

Sämmtliche Stromstärken stimmten auf das Genaueste.

Die Anzahl der sekundären Windungen betrug für den kleinen Siderognost 242, für den großen 230; dieselben bestanden wieder aus 0,08 mm dickem Draht.

Um das Schlußstück des kleinen Siderognosts waren in die hierzu eingefeilte Nut 20 Windungen gelegt und jedesmal diese sowie die um das Versuchsstück gelegten Windungen an eine Wippe gelegt, welche sie abwechselnd mit der Sekundärleitung zum Galvanometer verband.

Die Uebereinstimmung wiederholter Ablenkungen des Galvanometers war wie früher, eine hervorragende, 0,1 mm, so daß etwaige Abweichungen nur durch andere Gründe als durch Unrichtigkeit der Stromstärke und Stromkreiskonstanten bedingt sein können.

Bei der Messung mit dem kleinen Siderognost stellte es sich heraus, daß die Ausschläge des Galvanometers an den Stellen geringerer Sättigung unregelmäßig waren und keinen bestimmten Werth als den richtigen erkennen ließen. Abgesehen von einem mehrmaligen Umschalten des Stromes vor jeder Messung nahmen wir daher unsere Zuflucht dazu, den Siderognost während, vor und nach jeder Messung heftig zu erschüttern. Ein Gehülfe hatte zu dem Zweck während der Beobachtungszeit mit einem hölzernen Hammer die eine Stirnfläche des Siderognosts stark und andauernd zu schlagen. Wir erreichten dadurch, daß das Eisen, welches am Anfang der Magnetisirungskurve an sich träge ist, schnell seinen Magnetismus umkehrte, und wir erhielten so übereinstimmende Messungen. Das Klopfen erwies sich als nothwendig bei den Stromstärken 0,08 und 0,1 mit der kleinen Magnetisirungsrolle von 86 Windungen und 0,08 mit der größeren. Von der Stromstärke 0,1 ab mit dieser machte es keinen Unterschied mehr.

Im Folgenden gebe ich nunmehr die neuen Definitionen an, welche ich treffen mußte, da die alten, Kapp'schen sich als unrichtig und unanwendbar erwiesen:

Ich definire als magnetisches Maximum einer bestimmten Eisensorte (willkürlich) diejenige Kraftlinienanzahl Z_{max} pro qcm, welche ein Versuchsstäbchen von ca. 0,5 qcm Querschnitt in einem Siderognost von den erörterten Dimensionen bei Anwendung von 20 000 Ampèrewindungen annimmt.

Ich setze ferner den Widerstand bei der Sättigung 0,5, d. h. bei Vorhandensein einer Kraftlinienzahl $\frac{Z_{max}}{2}$ pro qcm $w_{\left(\frac{1}{2}\right)} = \frac{l}{q} \cdot c$, worin c eine Konstante bedeutet.

Es ist dann zu bestimmen, ϱ in der allgemeinen Gleichung

$$w = \frac{l}{q} \cdot c \cdot \varrho.$$

ϱ ist der Widerstandsfaktor, d. h. die Größe, welche das Verhältniß des Widerstandes eines beliebig gesättigten Eisenstückes zu dem Widerstande desselben Eisens bei der Sättigung $\sigma = \frac{1}{2}$ angiebt, bezogen jedesmal auf die Sättigung $1 = Z_{max}$.

Die vorstehenden Definitionen lassen die Bestimmung des Gesetzes der Aenderung von ϱ mit σ offen, d. h. der Funktion $\varrho = f(\sigma)$.

Allein willkürlich ist die Bestimmung des Maximums, dieselbe ist aber derartig, daſs die uns für gewöhnlich zu Gebote stehenden Ströme verlangt werden und ausreichen, und die prinzipielle Einfachheit des Siderognosts läſst seine Nachbildung einfach erscheinen.

Es ist nun nicht meine Aufgabe gewesen, die Funktion $f(\sigma)$ mathematisch festzustellen, eine Aufgabe, die aus dem Grunde ganz überflüssig ist, weil selbst die Rechnungen nach dem Kapp'schen Gesetze $\dfrac{\operatorname{tg} \dfrac{\pi}{2} \sigma}{\dfrac{\pi}{2} \sigma}$ eine Anwendung von Tabellen verlangen, das Zwischenglied des analytischen Ausdrucks also ganz überflüssig ist und die Genauigkeit unnütz beeinträchtigt; vielmehr ist meine Aufgabe, zu verschiedenen Werthen von σ die zugehörigen ϱ zu finden und tabellenmäßig aufzustellen.

Ich will also nichts weiter als die Fragen beantworten:

Bei welcher magnetisirenden Kraft — nämlich $\dfrac{1}{c}$ — nimmt ein Eisen von 1 cm Länge und 1 qcm Querschnitt die Kraftlinienzahl $\dfrac{Z_{max}}{2}$ an?

Und ferner:

Mit welchem Faktor — nämlich $\dfrac{1}{\varrho}$ — ist diese magnetisirende Kraft zu multipliziren, falls nicht $\dfrac{Z_{max}}{2}$, sondern $Z_{max} \cdot \sigma$ Kraftlinien entstehen?

Wir wissen, auch bei dem neuen Siderognost wird die Magnetisirungskurve durch den Umstand beeinfluſst, daſs der Schluſswiderstand nicht Null ist. Wir kennen aber seine Größe nicht, da dazu bereits die Aufstellung der Magnetisirungskurve gehört. Andererseits — läſst sich erkennen, und werden die späteren Rechnungen ergeben — beträgt der Schluſswiderstand nur wenige Prozente vom Versuchswiderstande, ja noch bedeutend weniger.

Es genügt also zu einer ersten, rohen Kenntniſs des Verlaufs der Größe ϱ, wenn wir eine Annäherung derselben, entnommen der Magnetisirungskurve, direkt für die Ermittelung des Schluſswiderstandes benutzen.

Zu bestimmen sind die beiden Größen c und ϱ, und zwar, mathematisch aufgefaſst, aus einer Gleichung. Die auch sonst angewandte Methode der Auflösung solcher physikalischer Gleichungen besteht darin, daſs man durch Einsetzen der angenäherten Werthe der einen Größe die andere ausdrückt und die sich auf diesem Wege ergebenden Werthe der anderen dazu benutzt, durch Wiedereinsetzung in die früheren Gleichungen genauere Werthe der ersten Größe zu ermitteln, welche man wiederum zum Einsetzen benutzt, und so abwechselnd, bis die nacheinander entstehenden Zahlenwerthe für dieselbe Größe praktisch gleich groß sind.

Der Gang der Rechnung ist in unserem Falle der folgende:

1. Es ist elektrisch für einen Stromkreis mit innerem und äußerem Widerstande, z. B. einem Elementstromkreise:

$$E = I_i \cdot w_i + I_a\, w_a \quad \text{in bekannten Bezeichnungen.}$$

Genau analog ist magnetisch:

$$A = Z_i w_i + Z_a\, w_a,$$

wobei A die Ampère-Windungen, Z und w die Kraftlinienzahlen und magnetischen Widerstände sind.

Hieraus folgt

$$w_i = \frac{A - Z_a\, w_a}{Z_i}.$$

Hier sind alle Größen A, Z_a, w_a, Z_i variabel.

Bekannt sind von denselben durch die Messungen A, Z_a, Z_i, unbekannt w_a.

Für w_a ist die Kapp'sche Gleichung

$$w_a = \frac{l_a}{q_a} \cdot c \cdot \varrho,$$

unbekannt ist c und ϱ.

Dies sind die alten Kapp'schen Beziehungen, nunmehr tritt die spezielle Rechnung ein:

2. Erste Annäherung von ϱ.

In der zunächst aufzutragenden Kurve $Z_i = f(A)$ ist

$$w = \text{konst.} \quad \varrho = \frac{A}{Z}.$$

Zwei beliebige ϱ verhalten sich

$$\frac{\varrho_1}{\varrho_2} = \frac{A_1}{A_2} \cdot \frac{Z_2}{Z_1}.$$

$$\text{Für } Z_i = \frac{Z_{\max}}{2} = Z_{(1/2)} \text{ ist } \varrho_2 = 1.$$

Jedes ϱ also ist

$$\varrho = \frac{A}{A_{(1/2)}} \cdot \frac{Z_{(1/2)}}{Z},$$

wobei $Z_{(1/2)}$ und $A_{(1/2)}$ an der Stelle zu entnehmen ist, wo $\sigma = {}^1\!/_2$ ist.

3. Wo $\quad Z_i = \dfrac{Z_{\max}}{2}$, ist $\varrho_i = 1$.

Hier besteht die Gleichung (nach Obigem 1.)

$$A = Z_i \frac{l_i}{q_i} \cdot c + Z_a \frac{l_a}{q_a} \cdot \varrho_u \cdot c.$$

Es folgt:

$$c = \frac{A}{Z_i \dfrac{l_i}{q_i} + \varrho_u\, Z_a \dfrac{l_a}{q_a}}.$$

In diese Gleichung ist ϱ_a nach der ersten Annäherung zu setzen, d. h. nach 2. In genau derselben Weise erhält man allgemein die Gleichung:

$$c = \frac{A}{\varrho_i Z_i \cdot \dfrac{l_i}{q_i} + \varrho_a Z_a \dfrac{l_a}{q_a}} \; ;$$

die erstere stellt den speziellen Fall $\varrho_i = 1$ dar.

4. Jetzt berechnen wir nach 1.

$$w_a = \frac{l_a}{q_a} \cdot c \cdot \varrho_a$$

mit c nach 3. und ϱ nach 2 und erhalten so Werthe für w_i aus der Gleichung nach 1.

$$w_i = \frac{A - Z_a w_a}{Z_i}.$$

Es ist aber stets
$$w_i = \frac{l_i}{q_i} \cdot c \cdot \varrho_i$$

oder
$$\varrho_i = \frac{w_i q_i}{c \cdot l_i}.$$

Diese Berechnung giebt eine zweite Annäherung von ϱ. Mit dieser erhalten wir eine zweite Annäherung von c nach 3, zweite Annäherung von w_i u. s. w.

Die Beobachtungszahlen, welche diesen Berechnungen zu Grunde gelegen haben, sind die folgenden.

Die Dämpfung betrug:

$w_w = S$	0	20	30	100	110	200	310	500	∞
$k \, \dfrac{1}{\pi} \, \text{arc tg} \, \dfrac{\pi}{\Lambda}$	1,474	1,391	1,361	1,324	1,310	1,308	1,291	1,287	1,279

Die Aichung ergab:
$$C = 0{,}000\,000\,015\,17.$$

Die Schwingungsdauer war:
$$\tau = 7{,}0956.$$

Untersucht wurden 5 Schmiedeeisensorten, 3 Gufseisen, 1 Stahl. Die Widerstände der sekundären Wickelungen betrugen:

	w_s der Kurvenbestimmung	w_s der Maximumbestimmung
Schmiedeeisen 1	12,28 S	11,70 S
„ 2	13,69 „	12,93 „
„ 3	12,33 „	12,22 „
Bandeisen	17,05 „	15,80 „
Probestück vom Siderognost .	14,36 „	13,80 „
Gufseisen 2 (0)	13,79 „	13,06 „
Gufseisen 2 (1)	13,80 „	12,82 „
„ 3	14,25 „	13,49 „
Stahl	11,74 „	11,05 „

Die Querschnitte berechnet aus Wägungen

Schmiedeeisen 1 0,27622

" 2 0,33871

" 3 0,28735

Bandeisen 0,52318

Probestück vom Siderognost 0,41862

Gußeisen 2 (0) 0,35567

" 2 (1) 0,35106

" 3 0,39886

Stahl . . . . 0,26503.

Beobachtet wurden folgende Kraftlinienzahlen des Schmiedeeisens.

Eisen	1	2	3	Band	Siderognost
Z_{max}	6 779	8 452	7 205	12 573	10 246
$Z_{(2)}$	5 561	7 009	6 033	10 103	8 142
$Z_{(1)}$	5 139	6 487	5 572	9 377	7 480
$Z_{(0,5)}$	4 739	5 935	5 100	8 919	6 859
$Z_{(0,1)}$	3 941	4 699	3 752	6 923	5 616
$Z_{(0,03)}$	2 351	1 974	1 610	3 200	3 618
$Z'_{(0,1)}$	248,9	192,7	139,0	299,6	728,1
$Z'_{(0,03)}$	46,3	42,1	—	105,7	102,4
$Z_{max\ qcm}$	24 542	24 961	25 074	24 032	24 470
$Z_{(2)\ qcm}$	20 134	20,698	20 994	19 311	19 450
$Z_{(1)\ qcm}$	18 605	19 155	19 389	17 924	17 870
$Z_{(0,5)\ qcm}$	17 158	17 528	17 749	17 048	16 385
$Z_{(0,1)\ qcm}$	14 267	13 876	13 058	13 233	13 415
$Z_{(0,03)\ qcm}$	8 513	5 829	5 603	6 117	8 643
$Z'_{(0,1)\ qcm}$	901	568,9	484	572,6	1 739
$Z'_{(0,03)\ qcm}$	16,8	124,4	—	101,0	244,7

Zur weiteren Benutzung für die Rechnung wurde aus diesen Zahlen eine Mittelkurve konstruirt, was aus dem Grunde wünschenswerth ist, weil die verschiedenen Eisensorten Unterschiede im Widerstandsgesetz besitzen, welche zu berücksichtigen die technische Rechnung nicht gestattet, und welche durch sehr verschiedenartige Ursachen hervorgerufen werden können.

Die für mich zu lösende technische Frage lautet aber einfach: Welches Gesetz befolgt $\varrho = f(\sigma)$ im Durchschnitt? Während es daher wünschenswert war, bei der Untersuchung der Eisensorten gerade solche zu treffen, welche von beliebigem Ursprung, aber verschieden von einander sind, und das Mittel der Erscheinung daraus abzuleiten, ist dabei aber auch zu bedenken, daß in Folge der verschiedenen Maxima und Querschnitte der einzelnen Sorten der Schlußwiderstand für jedes Eisen andere relative

Werthe annahm, und daſs dieser Umstand wesentliche Verschiebungen der Kurvenpunkte verursachte.

Die abgeleitete Mittelkurve, welche uns im Folgenden zur Aufstellung der ersten Annäherung von ϱ dienen wird, lautet

I	2	1	0,5	0,1	0,03	$\overline{0,1}$	$\overline{0,03}$	Max.
Z	20 118	18 585	17 171	13 419	6 937	854	119	24 570
cm	28,74	26,55	24,53	19,17	9,91	1,22	0,17	35,10

Die letzte Reihe giebt die Größen Z an, wie sie in Koordinatenpapier eingetragen werden können. Tafel II Fig. 5.

In der gleichen Weise wie für Schmiedeeisen ergaben sich für Guſseisen die in der folgenden Tafel enthaltenen Beobachtungszahlen.

Guſseisen	3	2 (0)	2 (1)
Z_{max}	7 951	7 411	7 339
$Z_{(2)}$	5 327	5 067	4 975
$Z_{(1)}$	4 423	4 389	4 289
$Z_{(0,5)}$	3 564	3 741	3 642
$Z_{(0,1)}$	1 683	2 018	2 115
$Z_{(0,03)}$	249,7	1 235	1 306
$Z'_{(0,1)}$	41,6	65,1	51,7
$Z'_{(0,03)}$	10,1	15,7	13,4
$Z_{max\ qcm}$	19 934	20 837	20 906
$Z_{(2)\ qcm}$	13 356	14 245	14 172
$Z_{(1)\ qcm}$	11 088	12 339	12 216
$Z_{(0,5)\ qcm}$	8 937	10 520	10 373
$Z_{(0,1)\ qcm}$	4 218	6 311	6 025
$Z_{(0,03)\ qcm}$	626	3 473	3 720
$Z'_{(0,1)\ qcm}$	104	183	147
$Z'_{(0,03)\ qcm}$	25,3	44	38

Wie früher, erhält man auch hier eine Mittelkurve. Da jedoch die Auftragung der Kurven lehrt, daſs wir es bei Guſseisen 3 mit einem ausnahmsweise schlechten Material zu thun haben, so habe ich nur aus 2 (0) und 2 (1) eine Mittelkurve gebildet. Dieselbe ist

I	2	1	0,5	0,1	0,03	$\overline{0,1}$	$\overline{0,03}$	Max.
Z	14 208	12 277	10 446	6 168	3 596	165	41	20 871
cm	20,30	17,54	14,92	8,81	5,14	0,23	0,06	29,81

Der Querschnitt folgt zu $q = 0,35336$.

Die für die weiteren Rechnungen nothwendigen Anzahlen der Kraftlinien Z_a durch das **U**-förmige Schlußstück des Siderognosts giebt die folgende Tafel für Schmiedeeisen an.

I	2	1	0,5	0,1	0,03	$\overline{0,1}$	$\overline{0,03}$
No. 1	14 522	9 581	6 929	4 322	2 351	243	41
No. 2	15 197	10 386	7 756	4 850	1 858	175	39
No. 3	18 668	13 535	7 197	4 103	1 548	2 864	46
Band	17 080	11 917	10 600	6 025	3 726	674	98
Siderognost	14 959	9 943	9 037	7 014	4 980	121	—

Das Mittel der Werthe liefert die Mittelkurve:

I	2	1	0,5	0,1	0,03	$\overline{0,1}$	$\overline{0,03}$
Z_a	16 085	11 072	8 304	5 263	2 893	615	56
cm	32,17	22,14	16,61	10,51	5,80	1,23	0,11

Die Gußeisensorten erregten folgende Z_a:

I	2	1	0,5	0,1	0,03	$\overline{0,1}$	$\overline{0,03}$
3	13 000	8 050	5 392	1 881	328,5	27	9
2 (0)	13 450	8 329	5 533	2 400	513	48	15
2 (1)	13 522	8 429	5 656	2 504	590	54	18

Als Mittelkurve für 2 (0) und 2 (1) erhalten wir:

I	2	1	0,5	0,1	0,03	$\overline{0,1}$	$\overline{0,03}$
Z_a	13 486	8 379	5 594	2 452	551	51	16

Ueber den allgemeinen Charakter dieser neuen Kurven, welche mit Hülfe der neuen Siderognoste durch die Untersuchungen von Januar bis März 1889 erhalten sind, läßt sich im Vergleich mit den von Juni bis Juli 1888 erhaltenen Folgendes sagen.

Der Charakter beider Kurvenarten stimmt in auffallender Weise überein, die Mittelkurven für Schmiedeeisen sind nicht weit von einander entfernt, ebenso unterscheiden sich die Mittelkurve für Guß 2 (0) und 2 (1) und die für Guß von 1888 in gleicher Weise von jenen Mittelkurven für Schmiedeeisen, während die Gußkurve 3 wesentlich anders verläuft.

Die Maxima der alten Messungen liegen scheinbar höher als die der neuen; man erkennt jedoch, daß sich hierin zum Theil der Fehler ausprägt, welcher bei der alten Messung dadurch entstand, daß der Querschnitt der Eisensorten übermäßig gering war und so der Prozentsatz der Vermehrung der Wickelungsfläche des sekundären Drahtes in Folge seiner nicht verschwindend kleinen Dicke ganz erheblich größer ausfiel, als bei den neuen Messungen.

Ein weiterer Grund für Abweichungen liegt in der Thatsache, daſs bei den neuen Messungen jede Erwärmung vermieden ist.

Die Kurven für die Anzahl der Kraftlinien Z_a, welche durch das Schluſsstück gehen, zeigen eine auffallende Uebereinstimmung des Charakters, indem sie ungefähr von der Stromstärke 0,1 bis zur Stromstärke 2 fast geradlinig verlaufen. In diesem Umstande erkennt man eine weitere Bestätigung meiner früheren Behauptung, daſs der Schluſswiderstand, selbst wenn derselbe sehr gering ist, die Magnetisirungskurve wesentlich beeinfluſst, und daſs Kurven, erhalten mit offenen Magneten, nur als für den ganz bestimmten Fall zutreffend erachtet werden dürfen, nicht aber wirklich Magnetisirungskurven sind.

Aehnliche Verhältnisse wie Schmiede- und Guſseisen weist auch Stahl auf, die Werthe, welche ich für denselben erhalten habe, liegen zwischen denen der beiden ersten Klassen, doch fallen die Kraftlinien für geringe Magnetisirungen verhältniſsmäßig noch bedeutend geringer aus als für Guſseisen, ein Umstand, welcher darauf hinweist, daſs der Faktor ϱ beim Anfang der Magnetisirungskurve auffallend groß ist. Hierin liegt der Grund, weshalb magnetische Apparate aus Stahl, deren Magnetismus beim Gebrauch eine Aenderung erfahren soll, einen ziemlich großen permanenten Magnetismus besitzen müssen.

Die Kraftlinienzahlen für Stahl sind:

I	2	1	0,5	0,1	0,03	$\overline{0,1}$	$\overline{0,03}$
Z_i	4 619	4 245	3 829	1 652	166	36	9
Z_a	13 013	8 282	5 738	1 941	266	31	9

$Z_{max} = 22\,981.$

Die beiden letzten Reihen für $I = \overline{0,1}$ und $I = \overline{0,03}$ können keine große Genauigkeit mehr beanspruchen, da die Galvanometerausschläge verschwindend klein waren.

Ich gehe nunmehr zur Berechnung von c und ϱ für Schmiedeeisen über.

Nach dem mitgetheilten Schema der Rechnung 2) ist die erste Annäherung von ϱ

$$\varrho = \frac{A}{A_{(1/2)}} \cdot \frac{Z_{(1/2)}}{Z}$$

In diesen Ausdruck sind die Größen einzusetzen, welche sich aus der direkt aufgetragenen Beobachtungskurve für Z_i ergeben, wie sie vorher als Werthe der Mittelkurve bezeichnet sind.

Der Werth $\dfrac{Z_{(1/2)}}{A_{(1/2)}}$ ist für diese Rechnung eine Konstante; wir entnehmen der Kurve

$$\frac{Z_{max}}{2} = Z_{(1/2)} = 12\,285.$$

Hierzu gehört $I = 0{,}0784$ Ampère, und wir finden $\log \dfrac{Z_{(1/2)}}{A_{(1/2)}} = 2{,}11538.$

Ferner erhalten wir folgende Werthe von A und Z, zugehörig zu den beobachteten Stromstärken (der Einfachheit wegen als Logarithmen mitgetheilt), wobei $A = 1174 \cdot I$ beziehungsweise $= 86 \cdot I$ ist:

I	2,012	1,011	0,5105	0,1101	0,03003	$\overline{0,1101}$	$\overline{0,03003}$
$\log A$	3,37330	3,07442	2,77767	2,11146	1,54723	0,97629	0,41206
$\log Z$	4,30859	4,26916	4,23479	4,12772	3,84117	2,93146	2,07555

Mit Hülfe dieser Werthe finden wir die zugehörigen ϱ und nach der Gleichung $\sigma = \dfrac{Z}{Z_{\max}}$ die zugehörigen Sättigungsfaktoren:

I	2,012	1,011	0,5105	0,1101	0,03003	$\overline{0,1101}$	$\overline{0,03003}$
ϱ	15,314	8,330	4,553	1,256	0,6629	1,446	2,831
σ	0,8188	8,7564	0,6988	0,5462	0,2823	0,03476	0,004843

Es folgt nun die

erste Annäherung von c.

Für die Aufstellung derselben haben wir nach 3)

$$c = \frac{A}{\varrho_i Z_i \dfrac{l_i}{q_i}} = \varrho_a Z_a \dfrac{l_a}{q_a}$$

Die Bestimmung geschieht unter Zugrundelegung von

$$q_a = 45$$
$$l_a = 25$$
$$q_i = 0,3088$$
$$l_i = 6,5$$
$$Z_{a\,\max\,qcm} = 24\,470.$$

Für $I = 2$ ist

$$\sigma_a = 0,01460$$

$\varrho_a = 1,94$, entnommen der Kurve der ersten Annäherung von ϱ.

Es wird $c = 0,001169$ u. s. w.

Die folgende Tafel enthält diese Größen:

I	2,012	1,011	0,5105	0,1101
σ_a	0,01460	0,01005	0,007540	0,004779
ϱ_a	1,94	2,20	2,40	2,65
c	0,001169	0,001149	0,001154	0,001102

Die geringeren Stromstärken unter $0,1$ lassen sich für diese Rechnung aus dem Grunde nicht mitverwenden, weil hierbei der Fehler für die erste Annäherung in Folge der geringen Sättigungen σ_a zu groß ist.

Zweite Annäherung von ϱ.

Im Mittel ergiebt sich erste Annäherung $c = 0{,}001144$. Es ist zu berechnen nach 4)

$$w_a = \frac{l_a}{q_a} \cdot c \cdot \varrho_a ,$$

$$w_i = \frac{A - Z_a\, w_a}{Z_i} ,$$

$$\text{und } \varrho_i = \frac{w_i \cdot q_i}{c \cdot l_i} .$$

Es ergeben sich folgende Werthe:

I	2	1	0,5	0,1	0,03	$\overline{0{,}1}$	$\overline{0{,}03}$
$Z_a \cdot w_a$	19,8	15,5	12,66	8,86	6,196	1,954	0,4627
ϱ_i	15,647	8,476	4,595	1,206	0,5634	1,183	2,396

Mit Hülfe der nach diesen ϱ_i aufgestellten Kurve erhalten wir die

zweite Annäherung von c.

Die der zweiten Annäherung von ϱ entnommenen ϱ_a und damit wie früher abgeleiteten c sind folgende:

I	2	1	0,5	0,1
ϱ_a	1,67	1,82	2,03	2,397
c	0,0011462	0,0011477	0,0011478	0,0011514

Im Mittel $c = 0{,}0011483$.

Dritte Annäherung von ϱ.

I	2	1	0,5	0,1	0,03	$\overline{0{,}1}$	$\overline{0{,}03}$
$Z_a \cdot w_a$	17,1	12,9	10,75	8,05	5,297	1,765	0,3572
ϱ_i	15,665	8,495	4,610	1,215	0,5808	1,213	2,515

Durch Einsetzen der ϱ_i und der aus der verbesserten ϱ-Kurve abgelesenen ϱ_a ergiebt sich die

Dritte Annäherung von c.

I	2	1	0,5	0,1
ϱ_a	1,64	1,92	2,16	2,515
c	0,0011450	0,0011434	0,0011430	0,0011402

Das Mittel liefert $c = 0{,}0011429$

Vierte Annäherung von ϱ.

1	2	1	0,5	0,1	0,03	$\overline{0,1}$	$\overline{0,03}$
$Z_a \cdot w_a$	16,8	13,5	11,89	8,40	5,608	1,796	0,3911
ϱ_i	15,682	8,499	4,609	1,212	0,5754	1,209	2,479

Die Betrachtung der beiden letzten Ergebnisse, nämlich der dritten Annäherung von c und der vierten von ϱ, lehrt uns, daſs weitere Annäherungen nicht nöthig sind; denn von jetzt ab stimmen die ferneren Annäherungen genügend überein.

Schon die dritte Annäherung von c liefert auch für die geringen Stromstärken unter 0,1 für c sehr übereinstimmende Werthe. Dieselben sind:

I	0,03	$\overline{0,1}$	$\overline{0,03}$
ϱ_a	3,05	4,6	11
c	0,001134	0,001140	0,001129

Bei der Unsicherheit, welche die geringen, zuletzt angeführten, magnetisirenden Kräfte bedingen, kann man diese Uebereinstimmung von c bereits eine vollkommene nennen.

Die Art und Weise, in der wir uns durch die vorhergehende Rechnung den wahren Werthen von c und ϱ genähert haben, kennzeichnet der folgende Umstand, dessen Eintreten schon vorauszusagen war, und welchen mein ganzer Plan von vornherein berücksichtigt hatte.

Die Aenderung von ϱ durch den Grad der Annäherung macht sich besonders in den ersten Abschnitten der Magnetisirungskurve bemerkbar, weil dieselben durch den höheren Einfluſs des Schluſswiderstandes in höherem Grade entstellt sind, als die weiteren Theile der Kurve.

Die Werthe der ersten Annäherung von ϱ in diesem Theile sind zu klein, der zweiten zu groß, der dritten zu klein, der vierten zu groß u. s. w.

In ähnlicher Weise verlaufen die zugehörigen Größen c.

Indem ich nun bei den letztermittelten Werthen von c und ϱ stehen bleibe, stelle ich folgende wirkliche Magnetisirungskurve auf.

I	2	1	0,5	0,1	0,03	$\overline{0,1}$	$\overline{0,03}$
σ	0,8188	0,7564	0,6988	0,5462	0,2823	0,03476	0,004843
ϱ	15,682	8,499	4,609	1,212	0,5754	1,209	2,479

Die Magnetisirungskurve selbst besteht in der Abhängigkeit der ϱ von den σ. Die graphische Aufzeichnung dieser Kurve liefert uns sämmtliche Werthe von ϱ.

Die Tafel II Fig. 5 giebt uns in der Kurve A den Verlauf der beobachteten Z_i abhängig von A. Wir wollen nunmehr sehen, wie sich die Kurve ändert, wenn der Schluſswiderstand Null ist.

Wir haben nur nöthig zu berechnen

$$A = Z \cdot \frac{l}{q} \cdot c \cdot \varrho = Z_{\mathrm{qcm}} \cdot 6{,}5 \cdot c \cdot \varrho.$$

Diese Berechnung liefert uns folgende Werthe abweichend von den früheren A.

I	2	1	0,5	0,1	0,03	$\overline{0,1}$	$\overline{0,03}$
A	2 344	1 173	587,9	120,8	29,65	7,670	2,192
cm	49,91	24,99	12,52	2,573	0,6314	0,1631	0,04667

In dieser Tafel sind I die (angenäherten) beobachteten Stromstärken, A die Ampèrewindungen, welche ohne Schlußwiderstand nöthig gewesen wären; darunter stehen die in dem alten Maß der Magnetisirungskurve einzutragenden Abscissenwerthe (25 cm = 1174 Ampèrewindungen).

Die Aufzeichnung dieser Werthe giebt statt der Kurve A die Kurve B, welche, wie man sieht, von jener im Anfang nicht unwesentlich abweicht.

Um noch ein Urtheil über die relative Größe des Schlußwiderstandes zu gewinnen, haben wir nur nöthig zu berücksichtigen, dafs die Berechnung z. B. der vierten Annäherung von ϱ liefern würde

$$w_i = \frac{A}{Z_i} \text{ statt, wie früher, } w_i = \frac{A - Z_a w_a}{Z_i}.$$

Der relative Werth von $Z_a w_a$ im Verhältnifs zu A giebt uns also den Einflufs von w_a.

Die zusammengehörigen Werthe von A und $Z_a w_a$ sind aber:

I	2	1	0,5	0,1	0,03	$\overline{0,1}$	$\overline{0,03}$
A	2360,5	1186,9	599,34	129,26	35,256	9,469	2,5826
$Z_a w_a$	16,8	13,5	11,39	8,40	5,608	1,796	0,3911

Um nun für das Gufseisen die Magnetisirungskurve zu berechnen, d. h. die Werthe von ϱ und c, haben wir nicht mehr das umständliche Verfahren wie früher nöthig mit seinen vielen Rechnungen und verschiedenartigen Gleichungen. Vielmehr ist uns nach dem Vorigen der Verlauf von ϱ und die Größe von c für Schmiedeeisen bekannt, und somit auch der Schlufswiderstand des Siderognosts.

Wir berechnen also für w_a den Werth nach dem Schema der Rechnung 4, d. h.

$$w_a = \frac{l_a}{q_a} \cdot c_s \cdot \varrho_a,$$

wobei wir dem Faktor c den Index s geben, um zu bezeichnen c für Schmiedeeisen. Ebenso werden wir später c für Gufs mit c_g bezeichnen.

Hierauf stellen wir nach 1. den Werth für w_i auf

$$w_i = \frac{A - Z_a w_a}{Z_i}$$

und finden nach 4.

$$c_i \varrho_i = w_i \frac{q_i}{l_i}.$$

10

Indem wir endlich die Kurve der $c_i \cdot \varrho_i$ auftragen als Funktion der σ und derselben den Werth $c_i \cdot \varrho_i$ für $\sigma = 0{,}5$ entnehmen, wo, wie wir wissen, $\varrho_i = 1$ ist, kennen wir $c_i = c_g$ und haben nun nur noch die einzelnen ϱ_g zu berechnen.

Unter Zugrundelegung der früheren mitgetheilten Mittelkurve für Gufs erhalten wir folgende Werthe:

I	2	1	0,5	0,1	0,03	$\overline{0,1}$	$\overline{0,03}$
σ_a	0,01224	0,007608	0,005079	0,002226	0,0005003	0,0000463	0,0000145
ϱ_a	1,77	2,14	2,47	3,17	4,5	11	30
$Z_a \cdot w_a$	15,2	11,4	8,77	4,94	1,574	0,356	0,305
$c_i \cdot \varrho_i$	0,02540	0,01473	0,008698	0,003101	0,001441	0,008497	0,008548

Aus der Kurve der $c_i \varrho_i$ lesen wir ab

$$(c_i \varrho_i)_{(1/2)} = c_i = c_g = 0{,}008689.$$

Wir haben danach als zusammengehörige Werthe von σ und ϱ_g

I	2	1	0,5	0,1	0,03	$\overline{0,1}$	$\overline{0,03}$
σ	0,6807	0,5882	0,5005	0,2955	0,1723	0,007906	0,001964
ϱ_g	2,923	1,695	1,001	0,3569	0,1658	0,9779	0,9838
$\sigma = $ cm	27,228	23,528	20,020	11,820	16,892	0,31624	0,07856
$\varrho_g = $ cm	8,769	5,085	3,008	1,0707	0,4974	2,9337	2,9514

Für das Gufseisen 3 finden wir durch eine ganz ähnliche Rechnung die nachstehenden σ und c, doch übergehe ich die Zwischenrechnungen.

I	2	1	0,5	0,1	0,03	$\overline{0,1}$	$\overline{0,03}$
σ	0,6700	0,5562	0,4483	0,2116	0,0314	0,005229	0,001272
ϱ	2,203	1,330	0,8291	0,3720	0,6845	1,098	1,164
$\sigma = $ cm	26,80	22,248	17,932	8,464	1,256	0,20916	0,05088
$\varrho = $ cm	6,609	3,990	2,4873	1,1160	2,0535	3,294	3,492

$$c = 0{,}01227.$$

Die Tafel I Fig. 7 giebt die für ϱ erhaltenen Kurven als Funktion der σ wieder.

Durch Ablesen der Zwischenwerthe aus genau und in großem Maßstabe aufgetragenen Kurvenstücken stellen wir die nachfolgenden Tafeln für ϱ auf.

Schmiedeeisen. $c = 0{,}0011429.$

σ	0,025	0,05	0,075	0,1	0,125	0,150	0,175	0,2	0,225	0,25
ϱ	1,455	1,038	0,887	0,792	0,718	0,667	0,626	0,602	0,585	0,577

σ	0,275	0,3	0,325	0,35	0,375	0,4	0,425	0,45	0,475	0,5
ϱ	0,577	0,588	0,607	0,639	0,679	0,722	0,780	0,840	0,908	1,000

σ	0,525	0,55	0,575	0,6	0,625	0,65	0,675	0,7	0,75	0,8
ϱ	1,102	1,233	1,438	1,717	2,130	2,760	3,638	4,677	7,90	13,50

Gußeisen. $c = 0{,}008689$.

σ	0,05	0,1	0,125	0,15	0,175	0,2	0,225	0,25	0,275
ϱ	0,228	0,138	0,138	0,148	0,157	0,192	0,224	0,266	0,313

σ	0,3	0,325	0,35	0,375	0,4	0,425	0,45	0,475	0,5
ϱ	0,366	0,422	0,485	0,549	0,627	0,707	0,793	0,894	1,000

σ	0,525	0,55	0,575	0,6	0,625	0,65	0,675	0,7
ϱ	1,151	1,339	1,559	1,813	2,138	2,480	2,847	3,228

Guß 3. $c = 0{,}01227$.

σ	0,05	0,1	0,15	0,2	0,25	0,3	0,35
ϱ	0,523	0,347	0,353	0,373	0,413	0,463	0,563

σ	0,4	0,45	0,5	0,55	0,6	0,65
ϱ	0,677	0,793	1,00	1,23	1,51	1,94

Stahl. $c = 0{,}00344$.

σ	0,05	0,1	0,15	0,2	0,25	0,3	0,35
ϱ	1,983	1,427	1,127	0,973	0,800	0,880	0,853

σ	0,4	0,45	0,5	0,55	0,6	0,65	0,7	0,75
ϱ	0,857	0,867	1,000	1,210	1,543	2,150	3,383	5,460

Diese Tafeln geben uns verschiedene sehr werthvolle Aufschlüsse:

Schmiedeeisen und Gußeisen unterscheiden sich abgesehen davon, daß c für dieses bedeutend größer ist, darin, daß Gußeisen auf einem längeren Theile der Kurve brauchbar ist als Schmiedeeisen. Während die günstigste Sättigung für Schmiedeeisen dicht hinter $\sigma = \frac{1}{4}$ liegt, findet man sie für Guß hinter $\sigma = \frac{1}{10}$.

Die Kurve für Stahl ähnelt weit mehr der für Schmiedeeisen als der für Guß. Die günstigste Sättigung liegt bei $\sigma = 0{,}35$ d. h. ungefähr $\frac{1}{3}$, also noch weiter hinaus als für Schmiedeeisen.

Die Kurve für Guß 3 ist ähnlich der anderen Gußkurve und wird vielleicht unter Umständen für schlechten Guß in Anwendung zu bringen sein.

Aus der Eigenschaft des Gusses aber, daſs sein Widerstand viel gleichmäßiger ansteigt und zwar schon von $\sigma = 0{,}1$ an, folgt aber, daſs es nicht allein technisch wegen der Formung, sondern auch magnetisch wegen der Charakteristik gerechtfertigt ist, wenn man jetzt Guſseisen dem Schmiedeeisen für die Schenkel der Dynamomaschinen vorzieht.

Mit dem Vorstehenden ist meine Aufgabe gelöst. Wir wissen jetzt

1. Das Tangentengesetz weicht in hohem Grade von dem wirklichen Magnetisirungsgesetz ab,
2. An seine Stelle hat das in den letzten Tafeln enthaltene Gesetz zu treten
3. Die Zahlen für das Maximum sind nicht bei beliebig großer, wenn nur genügend starker magnetisirender Kraft zu bestimmen, sondern für die Anwendung obiger Zahlen mit einem Siderognost von beschriebener Anordnung.

Noch ein Uebelstand scheint in der Anwendung der erörterten Methode zu liegen, nämlich der, daſs wir von einem zu Maschinen zu verwendenden Eisen erst das von mir definirte Maximum bestimmen müssen. Diese Messung setzt aber das Vorhandensein eines solchen Siderognosts voraus.

Abgesehen nun davon, daſs eine solche Bestimmung für jedes Eisen in dem elektrotechnischen Laboratorium der Kgl. techn. Hochschule Berlin bei der dort vorhandenen Einrichtung in kürzester Zeit geschehen kann, und daß die Maxima sich nach den auch sonst geltenden Regeln für die Güte des Eisens, Feinkörnigkeit, Reinheit, Festigkeit gruppiren, eine sehr genaue Kenntniſs des Maximums aber gar nicht einmal nothwendig ist, glaube ich durch das im Folgenden Mitzutheilende diese Frage fast zu erledigen.

Es war für meine Untersuchungen ganz gleichgültig, woher das Eisen stammte, und was es enthielt, vorausgesetzt, daſs es die gewöhnlich angewandten Sorten waren, von einer chemischen Untersuchung wurde daher selbstverständlich Abstand genommen. Um jedoch wenigstens einen Anhalt über die Qualitäten des Eisens zu geben, theile ich nachstehend das spezifische Gewicht mit.

Herr Assistent Dr. Wedding ist so freundlich gewesen, zu diesem Zweck die wirklichen (von mir zur Querschnittsermittelung nicht gebrauchten) Gewichte der Stäbchen zu bestimmen, sowie derselbe auch eine Messung über den remanenten Magnetismus des Stahlstäbchens ausgeführt hat, um dieses, welches mir von Herrn Oberingenieur Beringer als No. 4 bezeichnet übergeben wurde, ohne daſs dieser sich später noch der Sorten genügend erinnern konnte, als Stahl bestimmt kennzeichnen zu können.

Herr Dr. Wedding hat durch die Ablenkungen des Spiegelgalvanometers in 2 Gauſs'schen Hauptlagen (vergl. Kohlrausch, praktische Physik), nämlich einer westlichen und einer nördlichen, in den Abständen 50,0 und 35,7 cm, M für Guſs 3, Schmiedeeisen 3 und für No. 4 bestimmt. Seine Ergebnisse lauten

Guſs 3 . . . . . $M = 80$
Schmiedeeisen 3 . . „ $= 34$
No. 4 . . . . . . „ $= 207$.

Ein Zweifel daran, dafs No. 4 Stahl ist, kann demnach nicht bestehen, zumal der Mechaniker ihn schon unter der Feile als solchen erkannt hatte.

Die Gewichte (Massen) der Stäbchen sind gemessen zu

Schmiedeeisen No. 3 . . .	18,1995 g
Siderognost	32,2582
Stahl (No. 4)	16,6064
Band	28,2437
Gufs 2 (1)	20,5623
Gufs 2 (0)	21,0029
Gufs 3	23,7115
Schmiedeeisen 1	16,7941
Schmiedeeisen 2	21,28195.

Ich habe mit Hülfe dieser Zahlen die spezifischen Gewichte berechnet zu

Band	$s = 7{,}6595$
Siderognost . . .	7,7384
Schmiedeeisen 1 . .	7,7107
„ 2 . .	7,8513
„ 3 . .	7,8561
Stahl	7,8186
Gufs 2 (0) . . .	7,3511
Gufs 2 (1) . . .	7,3326
Gufs 3	7,2259.

Tragen wir diese Werthe als Funktion der Maxima auf (Taf. II Fig 4), so erkennen wir einen regelmäßigen Verlauf derselben derartig, dafs die Maxima mit s zunehmen, und dafs die Gufseisen und Stahl auf einer, Schmiedeeisen auf einer anderen Kurve liegen.

Vorausgesetzt, das diese Abhängigkeit keine zufällige ist, sind wir nunmehr im Stande, für jedes beliebige Eisen aus seinem spezifischen Gewicht seine magnetischen Eigenschaften abzuleiten. Es bedürfte dies eigentlich einer besonderen Untersuchung. Solange aber nicht das Gegentheil nachgewiesen wird, dürfte die genannte Behauptung einige Berechtigung besitzen.

Die Kurven für $Z_{max} = f(s)$ lassen sich analytisch annähern durch die Gleichung

$$Z_{max} = a + b\,s + c\,s^2$$

und die Konstanten a, b, c werden nach der Methode der kleinsten Quadrate bestimmt.

Bezeichnen wir mit n die Anzahl der bekannten s für jede Kurve, so sind folgende Gleichungen zu lösen

$$\left. \begin{array}{l} na + b\,\Sigma s + c\,\Sigma s^2 - \Sigma Z = 0 \\ a\,\Sigma s + b\,\Sigma s^2 + 2\,c\,\Sigma s^3 - \Sigma Z s = 0 \\ a\,\Sigma s^2 + b\,\Sigma s^3 + c\,\Sigma s^4 - \Sigma s^2 = 0 \end{array} \right|$$

und

$$b\,(n\Sigma s^2 - (\Sigma s)^2) + c\,(n\Sigma s^3 - \Sigma s^2 \Sigma s) + \Sigma s \Sigma Z - n\Sigma Z s = 0$$
$$b\,(n\Sigma s^3 - \Sigma s^2 \Sigma s) + c\,(n\Sigma s^4 - (\Sigma s^2)^2) + \Sigma s^2 \Sigma Z - n\Sigma Z s^2 = 0.$$

Die Berechnung für Schmiedeeisen hat zu geschehen auf Grund folgender Zahlen:

Eisen	Band	1	2	3
s	7,6595	7,7107	7,8513	7,8561
Z_{max}	24 032	24 542	25 018	25 032

Hierbei ist zu bemerken, daſs die Werthe für 2 und 3 aus der aufgetragenen Kurve abgeleitet sind, also von den wirklich beobachteten etwas abweichen, weil es wünschenswerth ist, diese Beobachtungsfehler oder zufälligen Abweichungen nicht in die Rechnung selbst hineinzunehmen. Das Siderognosteisen ist fortgelassen, weil es quer zur Faser geschnitten war und daher abweichende Werthe ergab.

Man findet:

$$\Sigma's = 31{,}0776 \qquad \text{und weiter}$$
$$\Sigma's^2 = 241{,}4800 \qquad n\,\Sigma'^2 - (\Sigma's)^2 = 0{,}10$$
$$\Sigma's^3 = 1876{,}64 \qquad n\,\Sigma's^3 - \Sigma's^2\,\Sigma's = 1{,}89$$
$$\Sigma Z = 98\,624 \qquad n\,\Sigma Zs - \Sigma's\,\Sigma Z = 500$$
$$\Sigma Zs = 766\,380 \qquad n\,\Sigma's^4 - (\Sigma's^2)^2 = 31{,}2$$
$$\Sigma Zs^2 = 5\,956\,100 \qquad n\,\Sigma Zs^2 - \Sigma's^2\,\Sigma Z = 7370.$$
$$\Sigma's^4 = 14585{,}8$$

Endlich vereinfachen sich die obigen Gleichungen zu:
$$b\,.\,0{,}1 + c\,.\,1{,}89 = 500$$
$$b\,.\,1{,}89 + c\,.\,31{,}2 = 7370$$

folgt
$$c = 460{,}2$$
$$b = -\,3697$$
$$a = \frac{98\,624 - b\,.\,31{,}0776 - c\,.\,241{,}48}{4} = 25\,597.$$

Die empirische Gleichung für Z_{max} lautet also:
$$Z_{max} = a + bs + cs^2,$$

worin
$$a = 25\,597$$
$$b = -\,3697$$
$$c = 460{,}2$$

gefunden ist.

Beispiel für die Benutzung dieser Gleichung in der Praxis:
$$s = 7{,}7107 \quad \text{(nämlich Schmiedeeisen 1)}$$
$$a = 25\,597$$
$$bs = -\,28\,505$$
$$-\,2908$$
$$cs^2 = 27\,360$$
$$Z_{max} = 24\,452.$$

In Wirklichkeit war Z_{max} aber $= 24\,542$.

Man sieht daraus, die Abweichung dieser Rechnung beträgt $\frac{1}{4}\%$, was sicher nicht zu viel ist.

Die Rechnung für Gufs und Stahl erfolgt vollkommen ebenso unter Benutzung der gefundenen spez. Gewichte und Maxima.

Unter Zugrundelegung dreier Werthe habe ich erhalten:

$$Z_{max} = a + bs + cs^2$$

$$\left. \begin{array}{l} a = 3284,3 \\ b = -1,724 \\ c = 322,99 \end{array} \right|$$

Während in der Gleichung für Schmiedeeisen b eine wesentliche Größe ist, erkennt man, dafs hier für Gufs die Gleichung fast nur ein Glied mit s^2 enthält.

Man kann die letzte Gleichung auch schreiben

$$Z_{max} = 3271 + 323 \cdot s^2,$$

eine überaus einfache Form für das so oft benutzte Gufseisen.

Mit Hülfe dieser beiden Gleichungen ist man im Stande, aus dem jederzeit bekannten Faktor des spezifischen Gewichtes und den Tafeln für ϱ jede Maschine zu berechnen, ohne dafs man irgend welche magnetischen Messungen nöthig hätte.

Der Luftwiderstand.

Bezüglich dieser Konstante habe ich bereits im Jahre 1888 sorgfältige Versuche angestellt, doch habe ich die Besprechung derselben bis hierher gelassen, weil die früheren Versuche für die Widerstandskonstante des Eisens nicht zur Ausrechnung der Magnetisirungskurve benutzt sind.

Außerdem aber läfst sich die Frage der Größe dieser Konstante insofern prinzipiell erledigen, als aus einer Betrachtung der von Hopkinson und Ewing benutzten Formeln folgt, dafs dieselbe einen sehr einfachen Werth, nämlich 1,000 besitzen mufs. Auf diese leicht abzuleitende Thatsache bin ich, abgelenkt durch die Normirung derselben Größe von Kapp auf 0,61, erst nach Beendigung meiner Messungen aufmerksam gemacht, doch dürfte es gerade wegen dieser vollkommenen Unabhängigkeit der mitzutheilenden Messungen nicht überflüssig erscheinen, dieselben und die daraus seinerzeit gefolgerten Schlüsse anzuführen.

Der Grundgedanke meiner Widerstandsbestimmung für die Luft spricht sich in folgenden Punkten aus:

1. Eine Bestimmung desselben mufs von den Eigenschaften des Eisens möglichst unabhängig sein,

2. Der Gesammtwiderstand des Schließungskreises mufs fast lediglich in der Versuchsluft gegeben sein, ähnlich wie bei den anderen Siderognostversuchen im Versuchseisen.

3. Jede nennenswerthe Kraftlinienstreuung mufs vermieden werden.

Diese drei Punkte sind sehr schwer zu erfüllen. Besonders wird durch die letzte unerläfsliche Bedingung die Art der Magnetisirung sehr erschwert.

Gerade aber, weil die Luft hier selbst Versuchsobjekt ist und sie wiederum überall vorhanden und für die Streuung wirksam ist, kann eine Magnetisirung an anderen Stellen des Schließungskreises als um die Versuchsluft nicht zugelassen werden, genau wie früher für's Versuchseisen. Würden wir nämlich etwa ein Hufeisen mit Draht bewickeln und dann Luftwiderstand in den Schließungskreis einschalten, so entstände eine ungeheure Kraftlinienstreuung, und eine Rechnung mit den beobachteten Größen, welche Luftquerschnitt und Widerstand des Schließungskreises berücksichtigen muſs, kann nichts Genaues liefern.

Wie soll man aber eine Anordnung treffen, welche jene Bedingungen erfüllt?

Sind die Flächen der primären und sekundären Windungen nicht gleich groß, so ist die Bedingung nicht erfüllt, auch muſs ihre Windungsebene zusammenfallen. Um aber weiter eine genügende Magnetisirung zu erreichen, muſs die Anzahl der primären Windungen größer als 1, ja auch nicht zu klein sein.

Es bleibt da kein anderer Ausweg als der, zwei schmale Spulen gleicher Größe nebeneinander zu legen und außerhalb guten Schluſs durch Eisen herzustellen.

Diesen Weg habe ich eingeschlagen. Zwei flache Spulen wurden zwischen ebene Eisenplatten gelegt und jene durch Ansätze in das **U**-Stück des alten Siderognosts geklemmt.

Eine Frage aber, welche bei dieser Anordnung einer besonderen Erledigung bedarf, ist, wie groß ist die Windungsfläche der sekundären und der primären Rolle anzunehmen, wenn wir schon beide als gleich groß voraussetzen, oder richtiger, wie haben wir nach Kapp mit einer solchen Anordnung zu rechnen?

Zu diesem Zweck die folgende

Berechnung des mittleren Radius einer Spule.

Voraussetzung ist, der Luftwiderstand ist unabhängig von σ, der Sättigung, d. h.:

Erzeugt eine Windung mit der Stromstärke I die Dichtigkeit der Kraftlinien von der Größe σ, so erzeugen zwei Windungen von verschiedener Größe mit der Stromstärke I die Sättigung 2σ an den Stellen, wo beide Windungen wirken, und von σ da, wo nur eine wirkt, falls es sich um einen kurzen Cylinder von Luft handelt, welcher durch unendlich kleinen Widerstand geschlossen ist.

Berücksichtigen wir nur den Luftwiderstand, so wird er also stets

$$w = \frac{l}{\Sigma q}$$

zu setzen sein, wobei jede Windung mit ihrem q eingesetzt wird, damit

$$Z = \frac{I}{w + W}$$

ist, wo w den Luftwiderstand, W den Schluſswiderstand bedeutet.

Die magnetische Leitungsfähigkeit der Luftsäule oder die elektrische Induktion in den sekundären Windungen wird somit sein proportional

$$\frac{1}{w} = \text{const.} \, \Sigma q$$

und die induzirte elektromotorische Kraft

$$E_{\text{ind}} = \text{const.} \, \Sigma q \cdot A^{\text{I}},$$

wo A^{I} die magnetische Potentialdifferenz an den Enden der Luftsäule ist.

Für die Rechnung selbst ist diese Form der Gleichung unpraktisch; wir wünschen vielmehr einen mittleren Luftquerschnitt aufzustellen, welcher direkt verwendet werden kann, unter Hinzuziehung der Windungszahl w der sekundären Spule, d. h. wir wollen setzen können:

$$w = \frac{l}{q_m} \cdot c,$$

wo q_m der besagte mittlere Luftquerschnitt ist.

Hierzu gelangen wir auf folgendem Wege.

Für irgend eine sekundäre Windung ist die elektromotorische Kraft E der Induktion proportional der Anzahl der Kraftlinien innerhalb ihrer Fläche oder, wie gezeigt, proportional der Leitungsfähigkeit $\frac{1}{w}$, an deren Stelle wir jetzt gemäß dem Obigen den Ausdruck Σq einführen.

Auf diese Weise erhalten wir für jede der sekundären Windungen einen anderen Ausdruck Σq, und die Summe aller Σq giebt uns die Induktion.

Da aber in diesem Ausdruck die Anzahl der sekundären Windungen schon berücksichtigt ist, wir jedoch setzen wollten

$$w = \frac{l}{q_m} \cdot c$$

und

$$E = n \cdot \frac{1}{w} \cdot A^1,$$

so müssen wir den besagten Ausdruck von der Form

$$\Sigma_1 q + \Sigma_2 q + \Sigma_3 q + \ldots + \Sigma_n q$$

noch durch die Zahl der primären Windungen summirt über alle Einzelsummanden dividiren, eine Summe, welche offenbar stets größer sein muß, als die Anzahl der primären Windungen selbst (welche hier als gleich groß mit der der sekundären vorausgesetzt ist, wenigstens für eine Windungsebene), falls mehr als eine Fläche der primären Windungen innerhalb einer der sekundären Windungen liegt, und die kleinste sekundäre Windung nicht kleiner als die kleinste primäre ist.

Die Bedeutung wird aus der speziellen Rechnung klarer werden.

Wir setzen also voraus, daß sowohl die primäre als die sekundäre Rolle n Windungen habe, welche alle in je einer Ebene liegend, regelmäßig auf einander folgen, oder praktisch: daß die Drahtstärke dieselbe ist und die Windungen gleichmäßig über einander liegen.

Die Flächen sind von außen nach innen f_1 bis $\ldots f_n$, sowohl für die primäre als die sekundäre Rolle.

Der Antheil der elektromotorischen Kraft, welche in der sekundären ersten Windung induzirt wird, ist nach Vorigem

$$e_1 = A^1 \cdot (f_1 + f_2 + \ldots + f_n)$$

ebenso

$$e_2 = A^1 \cdot (f_2 + f_3 + \ldots + f_n)$$

$$\text{u. s. w.}$$

$$e_n = A^1 \cdot f_n$$

11

Oder die ganze elektromotorische Kraft

$$E = A^1 \left\{ (f_1 + f_2 + \ldots + f_n)_1 + (f_2 + \ldots + f_n)_2 + \ldots + (f_n)_n \right\}.$$

In diesem Ausdruck deuten die Indices 1 bis n die sekundären Windungen an, von welchen die einzelnen Summanden herrühren.

Wir wollten aber setzen können

$$E = n \left(q_m \cdot \frac{1}{c \cdot l} \right) \cdot A^1$$

und haben gesehen, daſs wir zur Ermittlung von q_m jenen Klammerausdruck, welcher die Flächensummen enthält, durch die Anzahl der gerechneten primären Windungen dividiren müssen.

Die Zahl ergiebt sich:

für das sekundäre f_1 n

   „   „   „ f_2 $(n-1)$

             u. s. w.

   „   „   „ f_n 1

D. h. der Nenner ist

$$n + (n - 1) + (n - 2) + \ldots\ldots + 1.$$

Danach wird also

$$\frac{1}{w} = q_m \cdot \frac{1}{c \cdot l} = \frac{1}{c \cdot l} \frac{\left\{ (f_1 + \ldots + f_n)_1 + (f_2 + \ldots + f_n)_2 + \ldots + (f_n)_n \right\}}{n + (n - 1) + (n - 2) + \ldots\ldots + 1}$$

oder

$$\frac{1}{w} = \frac{1}{c \cdot l} \left\{ n \cdot f_n + (n - 1) f_{n-1} + (n - 2) f_{n-2} + \ldots + f_1 \right\} \cdot \frac{1}{n + (n - 1) + \ldots + 1}.$$

In der Praxis haben wir kreisförmige Windungen zu rechnen; gehört also zu irgend einer Fläche f_i der Radius r_i, so ist

$$f_i = \pi \cdot r_i^2.$$

Setzen wir ferner die Drahtdicke (die Entfernung zweier Windungsmitten oder $r_i - r_{i+1}$) $= g$, so ist, falls $r_1 + g = r_0$ gesetzt wird

$$r_i = r_0 - i \cdot g$$

und

$$f_i = \pi \left(r_0^2 - 2 r_0 i g + i^2 g^2 \right).$$

Somit:

$$q_m = \frac{1}{n + (n - 1) + (n - 2) + \ldots + 1} \left\{ (n (r_0^2 - 2 r_0 n g + n^2 g^2) + (n - 1) (r_0^2 - 2 r_0 (n - 1) \cdot g \right.$$
$$\left. + (n - 1)^2 g^2) + \ldots\ldots + r_0^2 \right\}$$

$$= \pi \left\{ r_0^2 (n + (n - 1) + (n - 2) + \ldots + 1) - 2 r_0 g (n^2 + (n - 1)^2 + (n - 2)^2 + \ldots + 1^2) \right.$$
$$\left. + g^2 (n^3 + (n - 1)^3 + (n - 2)^3 + \ldots + 1^3) \right\} \frac{1}{n + (n - 1) + (n - 2) + \ldots + 1}$$

$$= \pi \cdot r_m^2,$$

r_m mittlerer Radius.

Falls jede Spule statt einer Windungsebene viele hat, so ändert das r_m nicht, auch können die Drahtdicken etwas verschieden sein. Dementsprechend kann auch n in gewissen Grenzen beliebig gewählt werden.

Die Maße der benutzten Anordnung betrugen nun:

Durchmesser der Eisenplatten 64 mm,

Dicke „ „ 4,5 mm,

Länge der in der Mitte angebrachten Fortsätze 15 mm,

Höhe „ „ „ „ „ „ 11 mm.

Die Spule enthielt beide Wickelungen neben einander:

Breite der Spule 9,06 mm,

Durchmesser der Wickelungen $\begin{cases} \text{außen 61 mm,} \\ \text{innen 48 mm,} \end{cases}$

Breite eines zuzuschaltenden Messingringes 9,00 mm,

Wickelungszahl der Rollen $\begin{cases} \text{primäre 440 mm,} \\ \text{sekundäre 400 mm.} \end{cases}$

Die Berechnung erfolgt, wie nachstehend:

Die Drahtwickelungshöhe beträgt 6,5 mm.

Ich nehme zur Ermittelung von r_m an $n = 40$, was zwar nicht ganz genau der Wirklichkeit entspricht, aber, wie erörtert, ohne Schaden geschieht.

Damit ergiebt sich die Drahtdicke (wie definirt)

$$g = \frac{6,5}{40} = 0{,}1625$$

$$r_o = 30{,}5 + \frac{g}{2} = 30{,}58125 \text{ mm}.$$

Ferner ist

$$n + (n-1) + (n-2) + \ldots + 1 = 820 = n_1$$
$$n^2 + (n-1)^2 + (n-2)^2 + \ldots + 1^2 = 22\,140 = n_2$$
$$n^3 + (n-1)^3 + (n-2)^3 + \ldots + 1^3 = 672\,406 = n_3$$

und

$$r_m = 26{,}240 \text{ mm}.$$

Der geometrische mittlere Radius beträgt aber 27,25.

Es sind nun folgende Beobachtungen gemacht, und zwar ohne Ring, mit Ring neben sekundärer (I) und mit Ring neben primärer Rolle (II); die Stromstärken waren 0,25 und 0,20 Ampère.

$I = 0{,}25$

Ring:	Ohne	I	II
$\log Z_i$	3,31256	3,08795	3,08843
$\log Z_a$	3,22445	2,97708	

$I = 0{,}20$

Ring:	Ohne	I	
$\log Z_i$	3,21092	2,98736	
$\log Z_a$	3,10887	2,86408	

Die vorstehenden Tafeln enthalten die sekundären Kraftlinienzahlen, ausgerechnet durch Einsetzen der Windungszahl 400, für den mittleren Kreis und die durch das Schlußstück gehenden Kraftlinien, abgeleitet aus Beobachtungen mit 20 sekundären Windungen.

Wenn wir nun auch durch Rechnung den mittleren Radius gefunden haben, so erkennen wir doch andererseits, daß die Kraftlinien nur in der primären Spule durch diesen mittleren Radius gehen, außerhalb dehnen sie sich wegen der Entfernung der Eisenplatten und endlichen Länge der Spulen, besonders an der Stelle aus, wo der Messingring eingefügt ist.

Der nothwendige Verlauf der Kraftlinien läßt sich leicht in eine Figur eintragen, wir entnehmen ihr folgende Werthe:

Verbesserter mittlerer Radius I $r_I = 2{,}815$ cm

„ „ „ II $r_{II} = 2{,}815$ cm

„ „ „ ohne Ring $r_o = 2{,}750$ cm

Die Länge der Luftsäule beträgt bei I und II $l_I = 1{,}806$ cm

ohne Ring $l_o = 0{,}906$ cm

Der Querschnitt

$$q_o = 23{,}758,$$
$$q_I = 24{,}895,$$

ferner ist

$$\log \frac{l_o}{q_o} = 0{,}58132 - 2$$

$$\log \frac{l_I}{q_I} = 0{,}80061 - 2.$$

Die verschiedenen Berechnungsweisen, welche möglich sind, liefern alle ziemlich ähnliche Werthe für c, ich ziehe aus prinzipiellen Gründen folgende vor:

Wir setzen den sehr geringen Eisenwiderstand für die zu vereinigenden Versuche konstant $= w_a$, zu finden ist w_i aus zwei Gleichungen gleicher Art, nämlich

$$Z_{i1} = \frac{A}{w_{i1} + w_a}$$

$$Z_{i2} = \frac{A}{w_{i2} + w_a};$$

setzen wir hier $w_{i2} = \alpha \cdot w_i$, so ist

$$w_{i1} = \frac{A(Z_{i1} - Z_{i2})}{(\alpha - 1) Z_{i1} \cdot Z_{i2}}$$

und $c = w_i \cdot \dfrac{l}{q}$.

Aus den Versuchen mit Ring I und II und ohne Ring folgt durch Vereinigung von I und II, bei $I = 0{,}25$

$$\log Z_{i1} = 3{,}31256 \qquad \alpha = 1{,}9023 \left(\text{nämlich} = \frac{l_I}{q_I} \cdot \frac{q_o}{l_o}\right)$$

$$\log Z_{i2} = 3{,}08814 \qquad \alpha - 1 = 0{,}9023$$

$$c = 1{,}057.$$

Ebenso bei $l = 0{,}20$

$$c = 1{,}059.$$

Das Mittel also ist

$$c = 1{,}058.$$

Dieser hohe Werth von c hat mich in hohem Grade in Erstaunen gesetzt, da Kapp 0,61 dafür angiebt, und ich habe lange an der Richtigkeit derselben und an der Zuverlässigkeit der benutzten Beobachtungen gezweifelt. Ich versuchte zur Kontrole andere Rechnungsweisen unter Einsetzung der Eisenwiderstände und unter den verschiedenartigsten Voraussetzungen, erhielt auch mehrere Werthe etwas unter 1, aber das wesentliche Ergebnifs blieb dasselbe. Ich sah mich daher genöthigt, den hohen Werth von c zunächst als richtig anzusehen, zumal auch die Durchrechnung der Lahmeyer-Maschine sich sehr gut mit jenem Werth verträgt. Allerdings glaubte ich, dafs man entsprechend einzelnen Ergebnissen anderer Berechnungsarten den gefundenen Werth etwas verringern müfste und nahm als wahrscheinlichen Werth an

$$c = 1.$$

Wie bereits oben erwähnt, habe ich dann später eingesehen, dafs dieser Werth richtig sein mufs, falls überhaupt die Hopkinson'schen Betrachtungen gelten. Die Thatsache aber, dafs ein theoretisch ermittelter Werth durch die mitgetheilten unabhängigen Messungen so genau bestätigt wird, dürfte das beste Kennzeichen dafür sein, ob man mit den genannten Mitteln den vorgesetzten Zweck erreichen kann, oder nicht.

Ich übergehe weitere Rechnungen und weise auf die spätere Rechnung an der Lahmeyer-Maschine unter Benutzung dieses Werthes hin.

Bevor ich aber an diese gehen kann, mufs ich noch einen sehr wichtigen Punkt besprechen, der mich seiner Zeit in einen Streit mit Herrn Lahmeyer verwickelt hatte.

Die Streuungsmessungen.

Da die erwähnte Streitfrage durch unsere beiderseitigen Untersuchungen, die Herrn Lahmeyer's und meine eigenen, noch nicht veröffentlichten, erschöpfendes Material erhalten hatte, und unsere Meinungsverschiedenheiten beigelegt sind, so wird das Gegenwärtige auch den Abschlufs dieser Frage bilden.

Es handelt sich nun darum: Ich behauptete und behaupte, die Streuungsmessungen früherer Forscher sind in hohem Grade unrichtig. Während der Begriff, um den es sich handelt, ganz klar feststeht, wählt die Meßmethode etwas vollkommen Willkürliches.

Für uns gilt daher Folgendes: Die Streuung S drückt in Prozenten aus, wieviele Kraftlinien bei einer Dynamomaschine durch den Anker weniger gehen, als durch die Stelle des Maximums.

Wo diese Stelle liegt, darüber sind offenbar die früheren Forscher im Unklaren gewesen und suchten sie in der Mitte der Schenkelspulen.

Ich wies durch Beobachtungszahlen nach, dafs dies falsch ist und zeigte zugleich an einem Beispiel, dafs die Stelle nach dem Schlufsstück der Magnete, dem sogenannten Joch, liegt.

Die Untersuchungen Lahmeyer's haben erwiesen, daſs das Maximum bei seiner Maschine nicht so weit nach dem Schluſsstück zu liegt, als ich vermuthete, ein Umstand, der darin seine Begründung findet, daſs die Schluſsplatten bei der Lahmeyer-Maschine einen so hohen magnetischen Widerstand im Verhältniſs zu dem hierbei in Frage kommenden großen Luftraum haben, daſs ein bedeutender Theil der Kraftlinien sich hier seinen Weg sucht. Dies ist übrigens für die Maschine wegen ihrer Sonderform praktisch kein Fehler, denn die Mehrkosten stärkerer Rückplatten würden nicht eine entsprechende Erhöhung der Leistung zur Folge haben.

Bei anderen Maschinen mit besserem äußeren magnetischen Schluſs, z. B. den Innenpolmaschinen von Fein, geht die größte Anzahl Kraftlinien wirklich durch das Verbindungsstück.

Wenn wir nach dem Vorigen zwei Maschinen in Bezug auf Streuung vergleichen wollen, so hat es gar keinen Sinn, die Differenz der Kraftlinien im Anker gegen die der Spulenmitte zum Vergleich heranzuziehen, denn gerade vom Typus der Maschine hängt in hohem Grade schon die Vertheilung der Sättigungsgrade des Schenkels ab. Diesen Umstand werden wir in schlagender Weise durch die später mitzutheilenden Versuche bestätigt finden.

Ich habe ferner schon früher an der erwähnten Stelle hervorgehoben, daſs der Vergleich zweier Maschinen durch ihre Streuungen nur sehr bedingten Werth besitzt. Eine Maschine mit großer Streuung kann einen hohen und umgekehrt eine solche mit geringer Streuung einen geringen Wirkungsgrad haben. Zum Vergleich zweier Maschinen durch ihre Streuung gehört eben noch ein wichtiger Punkt, und das ist die Größe des Luftwiderslandes zwischen Polen und Anker. Sind zwei verschiedene Maschinen in diesem Punkt in gleicher Weise ausgeführt — d. h. besitzen beide bei gleicher Leistung gleich viele und gleich starke Drahtwindungen des Ankers über einander oder sind beides Maschinen mit Nutenanker — dann allerdings giebt die Größe der Streuung den relativen Werth der Magnetformen an.

In dieser Beziehung stehen sich die Maschinen von einer der Lahmeyer'schen ähnlichen Form und die Innenpolmaschinen schroff gegenüber. Eine ganz einfache Ueberlegung läſst jene als die überlegene, ja ohne Zweifel magnetisch beste Anordnung erkennen.

In der einfachen Erkenntniſs dieser Thatsachen habe ich früher darauf aufmerksam gemacht, daſs zur Messung der Streuung die sekundäre Wickelung für die Schenkelkraftlinien an der Maximalstelle liegen muſs, d. h. wie wir jetzt wissen, stets gleich hinter den Schenkelspulen nach dem Verbindungsstück zu.

Ferner aber behauptete ich — was ich nunmehr durch meine Messungen für die bisherigen Formen als erwiesen ansehen kann —, daſs eine Maschine mit der Streuung von 7%, wie Herr Lahmeyer Anfangs angab, überhaupt nicht existire. Der Werth wird denn auch thatsächlich, wie meine Messungen zeigen werden, in Wirklichkeit weit übertroffen.

Nicht nur, daſs schon Herr Lahmeyer für seine Maschine durch erneute, schon richtigere Messung den Werth $S = 13$ statt $S = 7$ fand, er beträgt in Wirklichkeit $S = 15$; d. h. die erste Angabe ist um 100 % zu verändern.

Ich habe nun im Folgenden klar zu legen, welche weiteren Fehler noch in solchen Messungen, wie Herrn Lahmeyer's letzter, stecken, an Beispielen zu zeigen, wie groß der Einfluß derselben sein kann und dann meine neuen, einwurfsfreien Methoden zu besprechen und mit Beispielen zu belegen.

Die diesbezüglichen Messungen habe ich an einer Gülcher-Maschine von Schwartzkopff angestellt (Juni 1888).

Die Punkte, welche in Betracht kommen, sind:

1. Mißt man bei Entmagnetisirung die Maschine durch Unterbrechung des Stromes, so läßt man den remanenten Magnetismus unberücksichtigt. Ich habe aber schon früher darauf hingewiesen, daß derselbe in der Maschine mit wirksam ist. Während jedoch der Rest im Schenkel (Guß) groß ist, ist er im Anker sehr gering.

2. Versieht man nur den Schenkel mit Strom, so fällt die rückwirkende Kraft der Ankerbewickelung fort.

Der Punkt 1. macht also zur Bedingung einer richtigen Messung, daß man Stromwechsel vornimmt.

Punkt 2. ist aber unter Umständen von größtem Einfluß. Hierzu Folgendes:

Man ist gewöhnt, die Dynamomaschine so zu betrachten, als enthält sie nur einen Magneten, den Schenkel, und der Anker erzeugt einfach durch seine Drehung in dem von jenem Magneten erzeugten Felde Strom.

Dem ist aber nicht so. Wir haben die Maschine im vollen Gange zu betrachten, und da besteht sie aus zwei Magneten, einem stärkeren (Schenkel) und einem schwächeren (Anker). Bei dem jetzigen Stande der Technik ferner arbeiten alle Maschinen so, daß die beiden Magnete sich zum Theil entgegenwirken. Versuche dieses Entgegenwirken in Zusammenwirken umzukehren — wie bei den Elektromotoren — sind bis jetzt wohl an der Funkenbildung an den Bürsten gescheitert. Es ist nämlich, wie bekannt, nothwendig, daß die Bürsten nicht in der wirklichen neutralen Zone, sondern vorwärts ein Stück mit dem Anker mitgedreht liegen, so weit, daß unter ihnen eine der Selbstinduktion der Spulen entgegengesetzte elektromotorische Kraft liegt.

Diese Verdrehung aber bewirkt, daß die Richtung der Magnetisirungsachse des Ankers in einem (stumpfen) Winkel gegen die magnetische Achse des Schenkels geneigt ist, und daß die magnetisirende Kraft des Ankers der der Schenkel zum Theil entgegenwirkt. Auch schon allein das Senkrechtstehen der beiden Achsen zu einander bewirkt eine tiefgreifende Verschiebung des Kraftlinienbildes.

Wenn wir jedoch die Streuung kennen lernen wollen, so brauchen wir die Kenntniß der Streuung der Maschine im Betriebe, nicht beim Stillstand, d. h. wir dürfen ohne Ankerstrom nicht messen.

Das Ergebniß dieser Betrachtungen ist also:

Wir müssen bei richtiger Lage sowohl der sekundären Schenkel-, als der Ankerwindungen — diese nämlich in der wirklichen neutralen Zone — durch Stromumkehr messen, während in allen Theilen der Maschine der normale Strom vorhanden ist.

Die praktische Ausführung ergiebt sich wie folgt: Leiten wir von außen in die Maschine Strom ein, anstatt, daß sie selbst Strom liefert, so wird bei direkter Schaltung alles in Ordnung sein. Wir müssen nur den Anker durch Holzkeile oder sonstige Klemmvorrichtungen an der Drehung hindern.

Besitzt die Maschine aber Nebenschluß, so würde erstens der Strom im Anker oder Schenkel verkehrt fließen, wir haben also den Nebenschluß umgekehrt an die Bürsten anzuschließen; ferner aber würde der Ankerstrom jetzt zu stark werden, wenn an den Bürsten die richtige Spannung herrscht, wir müssen demnach in den Ankerstromkreis so viel Widerstand zuschalten, bis der Ankerstrom die richtige Größe besitzt.

Kehren wir jetzt den Strom um, so hat vor wie nach der Umkehr die Maschine in allen Theilen normalen Strom.

Die Differenzen, welche die Verschiedenheit der Meßmethoden an der Gülcher-Maschine verursacht, sind sehr auffällig. Besonders ist wegen der vielen Ankerwindungen der Ankerstrom von großem Einfluß.

Die Maschine hat reine Nebenschlußwickelung, arbeitet mit 65 Volt und zeigte ohne Ankerstrom:

im Anker	Schenkelende	Grundplatte (Mitte)
469 930	859 170	786 360.

Daraus würde sich die Streuung zu 47,1 % berechnen, während durch die Grundplatte 8,52 % weniger gehen als durch den Schenkel.

Mit Ankerstrom erhielt ich bei den Klemmenspannungen:

E_p	25	35	45	55	65	75
S	59,85	60,85	61,85	63,00	64,18	65,86

Nicht nur, daß also durch die richtige Messung der wahre Betrag der sehr hohen Streuung aufgedeckt wurde, sondern auch die Abweichungen von der früheren Zahl, ganz besonders aber von dem durch die Fabrik angegebenen Betrage $S = 30$, welche dort zu der Ausführung der mit den Kapp'schen Zahlen so auffallend übereinstimmenden Rechnung benutzt war, sind sehr groß.

Trägt man die Streuung graphisch auf (Tafel II Fig. 4), so erhält man eine ansteigende Gerade.

Für die Lahmeyer-Maschine habe ich die gleiche Messung ausgeführt, dieselbe ergab

$$S = 15,07 \%.$$

Bei einer gelegentlichen Unterredung in Charlottenburg machte mich nun Herr Lahmeyer darauf aufmerksam, daß er eine Zunahme des Ankerwiderstandes bei Rotation vermuthe und auch diesbezügliche Versuche angestellt habe, welche ihm allerdings nicht ganz zuverlässig erschienen und auch von Herrn Prof. Dr. Kühlmann angegriffen seien.

Ich sah mich durch seine Aufforderung veranlaßt, eine besondere Methode auszudenken, welche, so unausführbar es von vornherein erscheint, durch einen ganz einfachen Kunstgriff gestattet, die Streuung bei laufender Maschine zu messen, d. h., während sie selbst den Strom erzeugt.

Diese Messung ist ganz einwurfsfrei und läfst sich bei allen Nebenschlufs- und Compound-Maschinen mit Trommelanker ausführen. Der Nebenschlufs wird von den Bürsten gelöst und durch einen besondern Strom erregt, während die Maschine ihre richtige Tourenzahl hat und auf Widerstand geschaltet ist, so dafs sie normalen Strom liefert. Die Umkehr des Nebenschlufsstromes bewirkt Umkehrung der ganzen Maschine und giebt wie früher durch sekundäre Windungen die wirklichen Kraftlinienzahlen an. Die Ankerwickelung mufs hierzu in Form eines stärkeren Bügels mit etwas Spiel den Anker umgeben.

Hat das Galvanometer genügend große Schwingungsdauer, so sind die Ausschläge, trotz der in diesem Fall nicht augenblicklichen Umkehr, den Kraftlinienzahlen proportional.

Ich fand auf diese Weise für die Lahmeyer-Maschine

$$S = 14{,}90 \%.$$

Mit Rücksicht auf die Ungenauigkeit dieser Messung sind die beiden Werthe für S als übereinstimmend anzusehen.

Eine Aenderung des Ankerwiderstandes bei Rotation läfst sich also aus dieser Beobachtung nicht nachweisen.

Es ist dies im Interesse der Messungen sehr erwünscht, denn man erkennt, dafs es aus diesem Grunde nicht nothwendig ist, bei laufender Maschine zu messen, vielmehr genügt die einfachere und bequemere Messung bei stehender Maschine mit Ankerstrom, welche bei Ringanker überhaupt die allein ausführbare ist.

Wie sehr der Luftwiderstand die Streuung beeinflufst, lehrte eine Messung an einer Schwartzkopff'schen Maschine, welche von Herrn Beringer mit Nuten-Ringanker konstruirt ist. Der Typus ist der der Lahmeyer-Maschine, doch hat die Maschine 4 Pole und ist so an sich in Bezug auf die Streuung viel ungünstiger disponirt. Trotzdem zeigte sie $S = 12\%$, Streuung, der bisher geringste Betrag, welchen ich gemessen habe.

Ich zweifle nicht, dafs die größeren Lahmeyer-Maschinen mit Nutenanker und ebenso die ganz ähnlichen Naglo-Maschinen auch nur so wenig Streuung besitzen, und bin andererseits überzeugt, dafs die Innenpolmaschinen mehr aufweisen werden.

Um endlich den Einflufs der Formänderung bei Maschinen der Lahmeyer'schen Anordnung zu untersuchen, habe ich Streuungsmessungen an kleinen Magnetmodellen der letztbesprochenen allgemeinen Anordnung vorgenommen. Alle sollten gleiche Polstücke und Anker haben und gleichen Zwischenraum zwischen Anker und Polen besitzen. Es stellte sich leider zu spät heraus, dafs die Stücke nicht sorgfältig genug gearbeitet waren und deshalb besitzen die folgenden Messungen nicht den richtigen Werth. Immerhin sind sie aber interessant genug, um hier mitgetheilt zu werden.

Die Modelle hatten Ankerwickelung und Schenkelwickelung, beide hinter einander betrieben mit 1 Ampère.

Die Drahtstärke betrug 0,3, beziehungsweise 0,5 mm. Die Streuungen sind gemessen zu:

No.	I	II	III	IV
S	23,91	34,49	13,70	14,83

12

Dabei gingen durch den Anker Kraftlinien

No.	I	II	III	IV
Z_a	2393	2286	2382	2963

Während also der größten Streuung die geringste Wirkung entspricht, liefert nicht die geringste Streuung die höchste Wirkung, sondern am besten wirkt No. IV mit 15 % Streuung. Jedoch wird dieser Umstand wesentlich davon beeinflufst, dafs der Abstand der Pole hier geringer war, als bei den übrigen. Behufs richtiger Folgerungen ist es durchaus wünschenswert, dafs die Streuung in gleicher Weise noch einmal gemessen wird, nachdem der Polabstand für alle Formen gleich gemacht ist. Ich unterlasse daher jede Folgerung und mache nur auf die großen Unterschiede aufmerksam, welche durch geringe Abweichungen des Luftwiderstandes hervorgerufen werden, ein Umstand, der meine früheren Aussagen bestätigt.

Indem ich hiermit die Frage der Streuung verlasse, führe ich zum Schlufs ein Beispiel an für die Durchrechnung einer Dynamomaschine und wähle dazu die von mir untersuchte Lahmeyer-Maschine, welche sich in hohem Grade zu Rechnungen nach Kapp eignet, wegen ihrer Einfachheit, und weil sämmtliche Sättigungen sehr genau bekannt sind.

Die Maße habe ich theils der gütigen Mittheilung der Deutschen Elektrizitätswerke zu Aachen zu verdanken, theils sind sie der Maschine direkt entnommen.

Die Form ist als bekannt vorausgesetzt und andernorts zu vergleichen, auch benutze ich als Bezeichnung der Plattenstücke die von Herrn Lahmeyer in seiner Antwort auf meine Bemerkung in der elektrotechnischen Zeitschrift angegebenen Nummern.

Maschine G I No. 298. 65 Volt. 25 Ampère.

Ankerwindungen 120
Direkte Schenkelwindungen 54
Nebenschlufs 1216

Widerstände kalt:

Anker 0,874 Ohm
Hauptschlufs 0,046 „
Nebenschlufs 14,8 „ (ohne Regulirwiderstand).

Mit Regulirwiderstand im Betriebe im Mittel 24 Ohm.

Berechnung.

Das Maximum der Kraftlinien liegt bei III.

Der Anker hat 15 % weniger (nach meinen Messungen).
Die Platten bei IV 3 % „ } (nach Lahmeyer's Messungen).
„ „ „ V 14,5 % „

Der Zeichnung entnommen sind die Verhältnisse von Länge zu Querschnitt der einzelnen Theile $= \dfrac{l}{q}$.

$$\text{Anker:} \qquad \frac{l}{q} = 0{,}0500$$

$$\text{Schenkel, Polstück:} \qquad \frac{l}{q} = 0{,}08214$$

$$\text{Seitenplatten:} \qquad \frac{l}{q} = 0{,}1072$$

$$\text{Deckplatten:} \qquad \frac{l}{q} = 0{,}07488$$

$$\text{Luft:} \qquad \frac{l}{q} = 0{,}003088.$$

Die wirklichen Kraftlinienzahlen im Anker und bei III sind durch meine Messungen bekannt.

Der Anker enthält $Z_a = 1\,220\,000$.

Die Eisensorten sind nicht genau bekannt. Wahrscheinliche Werthe für Z_{max} sind:

$$\text{Anker} \quad Z_{max} = 25\,000$$
$$\text{Schenkel} \; Z_{max} = 20\,000.$$

Es können demnach durch den zu rechnenden Ankerquerschnitt gehen $25\,000 \cdot 20 \cdot 14 = 7\,000\,000$ Kraftlinien.

Die Sättigung ist

$$\sigma_a = 0{,}1743$$
$$\varrho_a = 0{,}64.$$

Widerstand $w_a = 0{,}00003657$.

Polstücke:

Größte Kraftlinienzahl $5\,600\,000 = 20\,000 \cdot 14 \cdot 20$

wirkliche mittlere Zahl $1\,327\,500 = Z_s$

$$\sigma_s = 0{,}2370$$
$$\varrho_s = 0{,}25$$
$$w_s = 0{,}0001784.$$

Seitenplatten:

Größte Zahl $6\,900\,000$

wirkliche mittlere Zahl $1\,392\,000 = Z_p$

$$\sigma_p = 0{,}2017$$
$$\varrho_p = 0{,}19$$
$$w_p = 0{,}0001771.$$

Deckplatten:

Größte Zahl $8\,280\,000$

wirkliche mittlere Zahl

$$Z_d = 1\,435\,000$$
$$\sigma_d = 0{,}1581$$
$$\varrho_d = 0{,}15$$
$$w_d = 0{,}00003759.$$

Luft:

$$c = 1{,}000$$
$$w_\varphi = 0{,}000088.$$

Die zur Erzeugung der ausgerechneten Kraftlinienzahlen in den berechneten Widerständen nothwendige Anzahl Ampère-Windungen beträgt:

$$A^1 = 0{,}003125 \cdot 1\,220\,000 + 0{,}0001784 \cdot 1\,327\,500 + 0{,}0001771 \cdot 1\,392\,000 + 0{,}00009759 \cdot 1\,309\,000.$$

$$A^1 = 4426.$$

Diese Anzahl vergrößert sich noch durch die Rückwirkung des Ankers.

Wirksam sind von den 120 Ankerwindungen im Ganzen 60. Nur ein sehr geringer Theil derselben aber wirkt den Schenkelwindungen entgegen, wie man schon daraus ersieht, daß die Streuung von Herrn L. ohne Ankerstrom und remanenten Magnetismus zu 13 % gefunden wurde, statt 15 %.

Ich nehme an, es wirke der zehnte Theil entgegen, d. h. $\frac{1}{10} \cdot 60 = 6$.

Die Stromstärke im Anker beträgt 27,7 Ampères, daher die Anzahl der entgegenwirkenden Ampère-Windungen

$$27{,}7 \cdot 6 = 166 \text{ Ampère-Windungen.}$$

D. h. wir müssen in den Schenkeln insgesammt aufwenden:

$$4426 + 166 = 4592.$$

Wir haben also nach Kapp berechnet

$$A = 4592.$$

Demgegenüber stehen die wirklichen Ampère-Windungen.

Der Hauptschluß erzeugt

$$54 \cdot 25 = 1350,$$

der Nebenschluß 1216 . 2,70 = 3283.

Also zusammen **4633.**

Die Berechnung stimmt also mit der Beobachtung.

Druck von Leonhard Simion, Berlin SW.

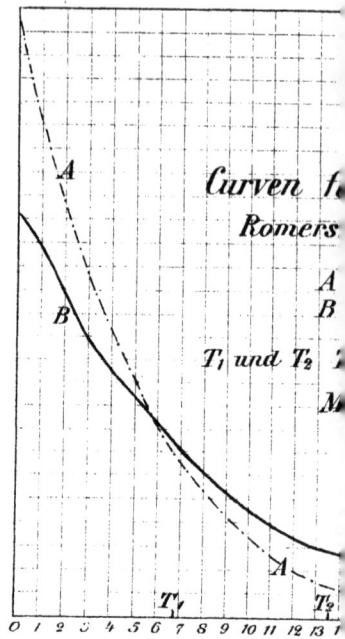

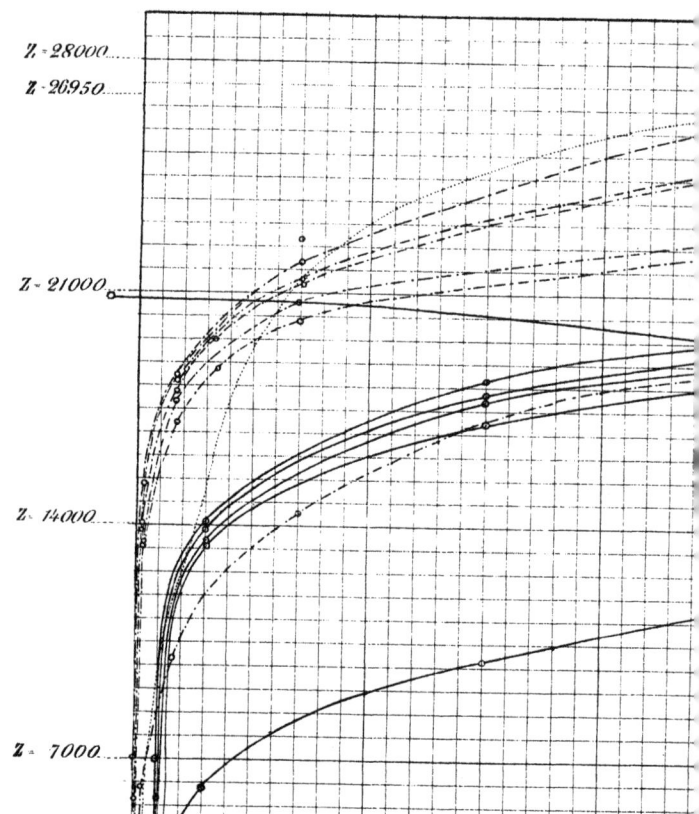

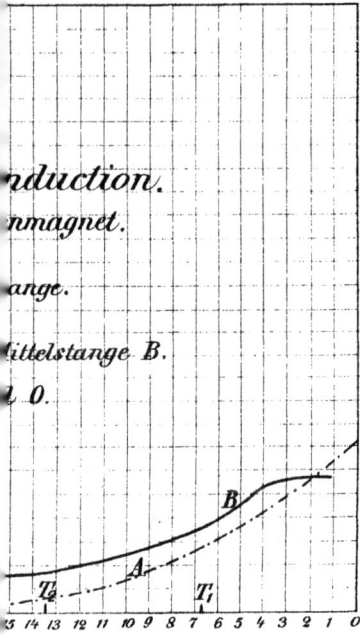

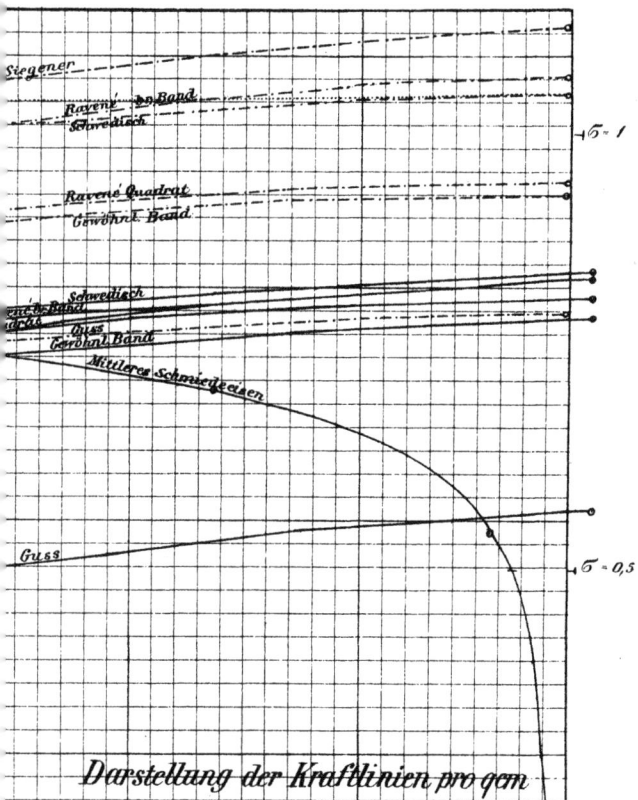

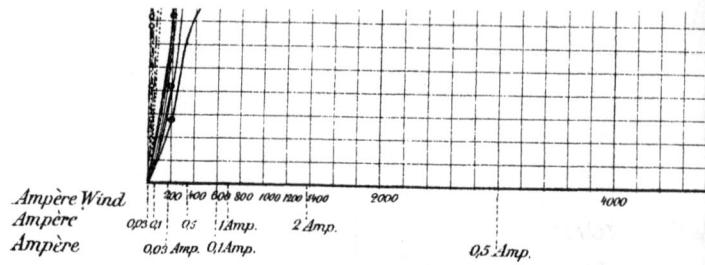

Ampère Wind   200 400 600 800 1000 1200 1400   2000   4000

Ampère   0,05 0,1   0,5   1 Amp.   2 Amp.

Ampère   0,05 Amp. 0,1 Amp.   0,5 Amp.

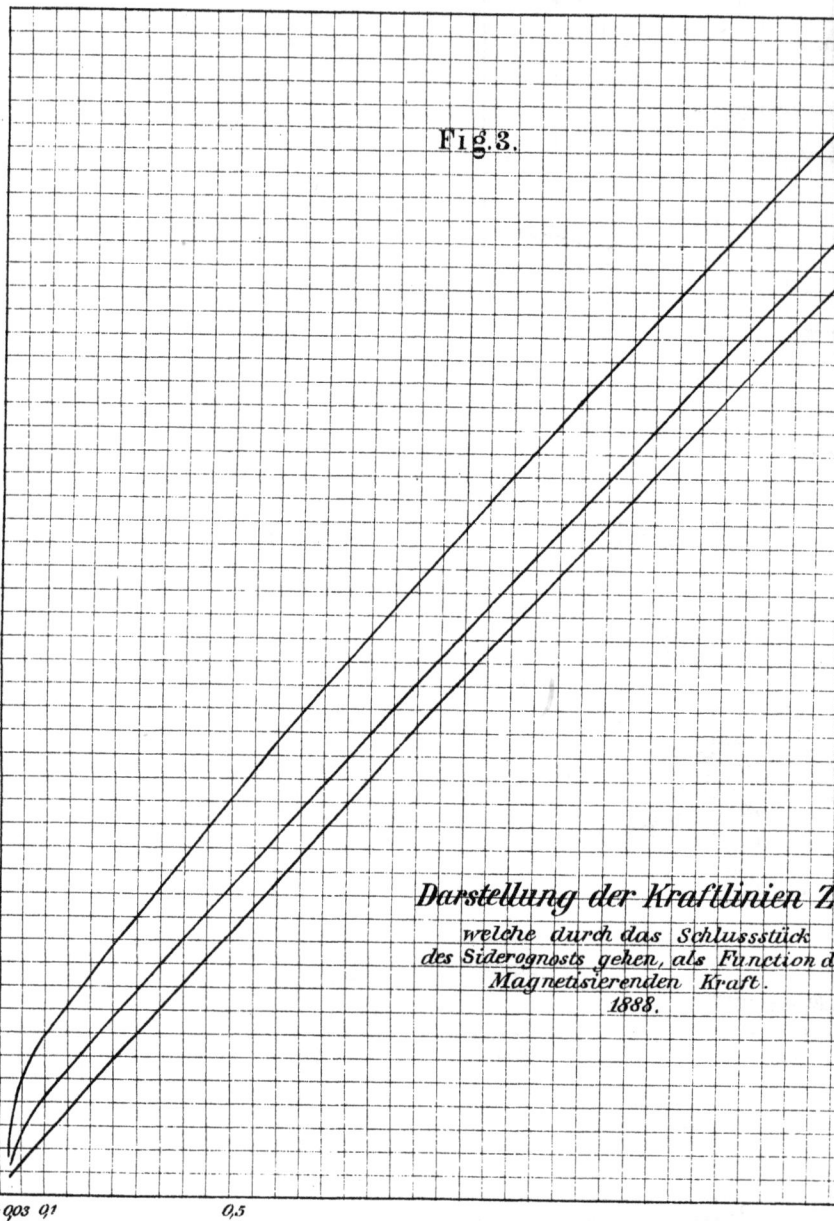

Fig. 3.

Darstellung der Kraftlinien Z,
welche durch das Schlussstück
des Siderognosts gehen, als Function d.
Magnetisirenden Kraft.
1888.

= 0,03 0,1   0,5

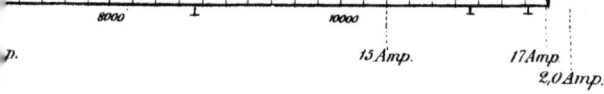

als Function der magnetisierenden Kraft
(Einfluss der Klammervariablen nicht eliminiert.

Beob. Juli 1888.

Dr. Max Corsepius.

8000   10000

p.   15 Amp.   17 Amp.
                                  2,0 Amp.

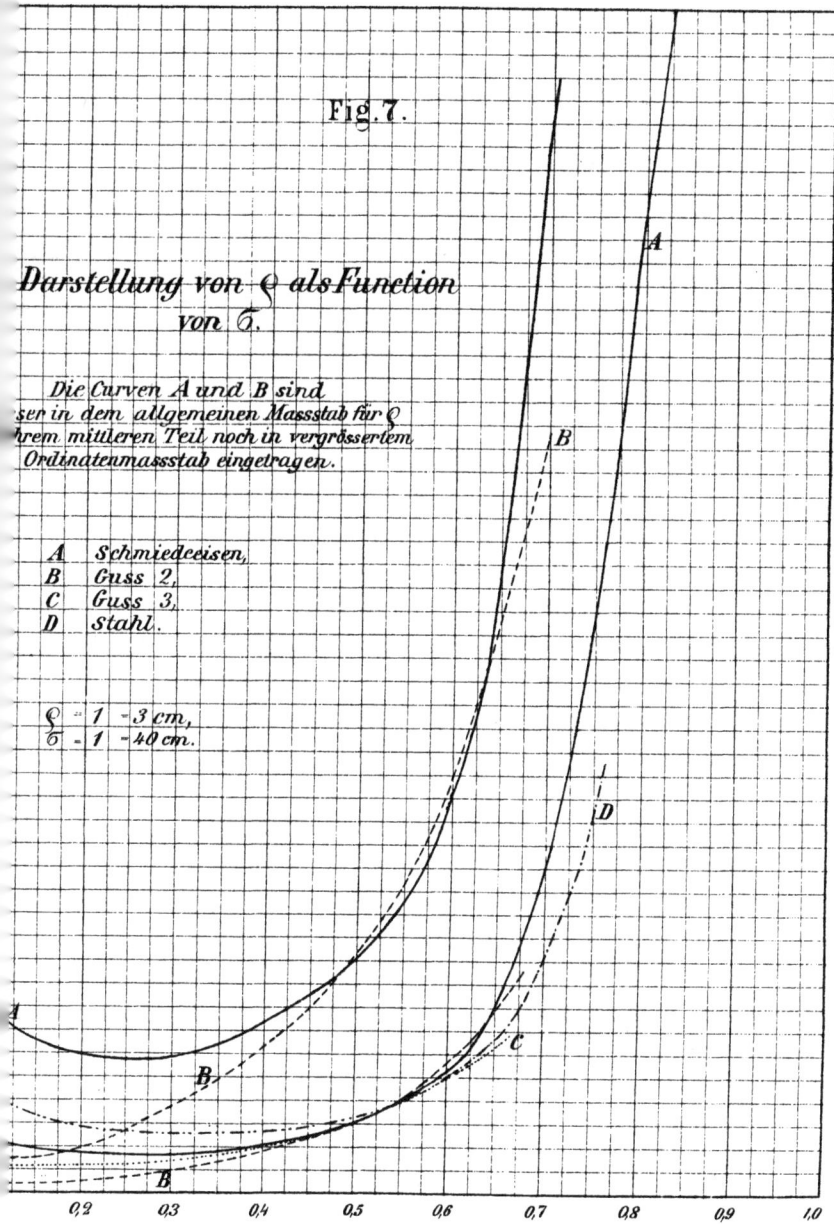

Fig. 7.

Darstellung von ϱ als Function
von ♭.

Die Curven A und B sind
...ser in dem allgemeinen Massstab für ϱ
...hrem mittleren Teil noch in vergrössertem
Ordinatenmassstab eingetragen.

A   Schmiedeeisen,
B   Guss 2,
C   Guss 3,
D   Stahl.

ϱ = 1 = 3 cm,
♭ = 1 = 40 cm.

0,2   0,3   0,4   0,5   0,6   0,7   0,8   0,9   1,0

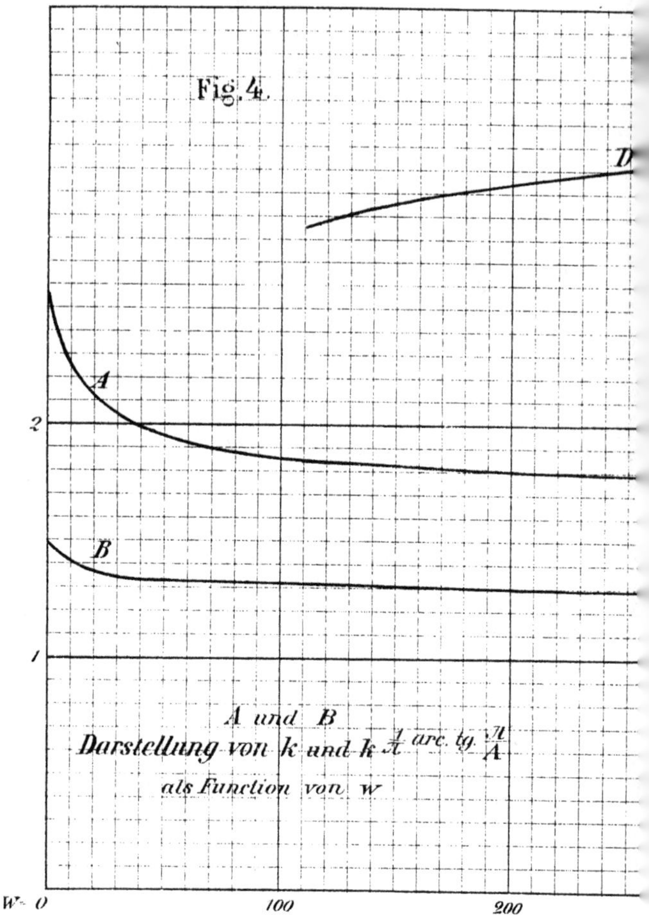

Fig. 4.

$$A \text{ und } B$$

Darstellung von k und $k \frac{A}{\pi} \text{ arc. tg. } \frac{\pi}{A}$

als Function von w

$W = 0$ 100 200

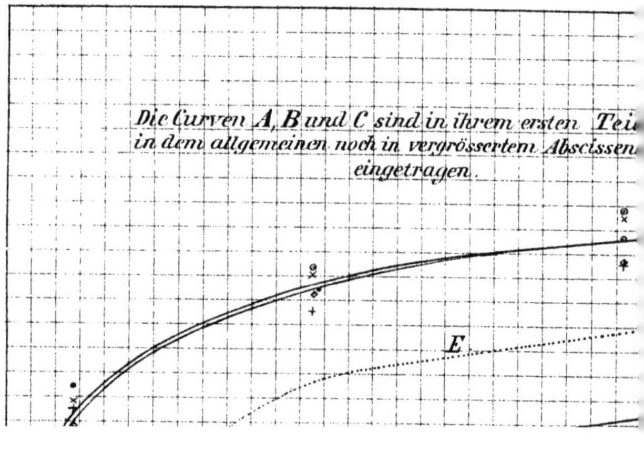

Die Curven A, B und C sind in ihrem ersten Tei
in dem allgemeinen noch in vergrössertem Abscissen
eingetragen.

E

Tafel Ⅱ.

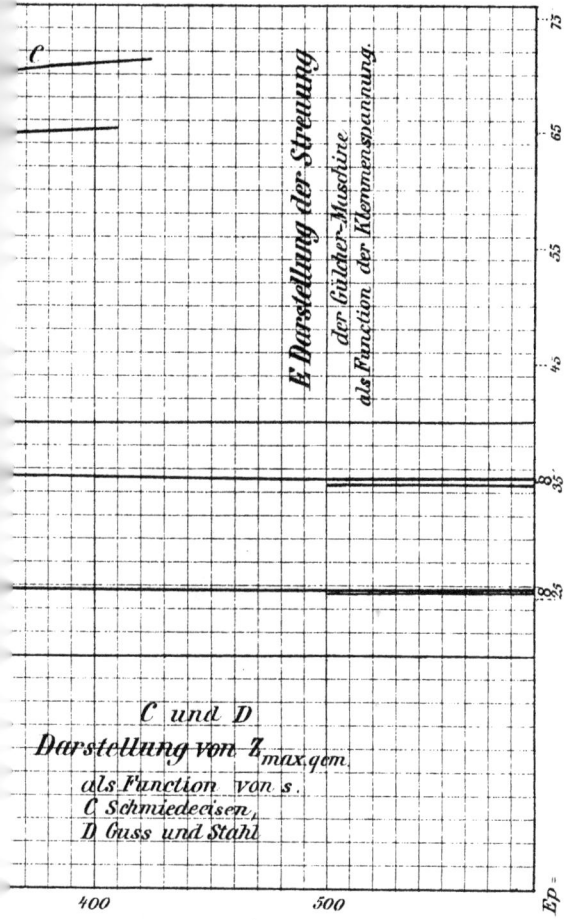

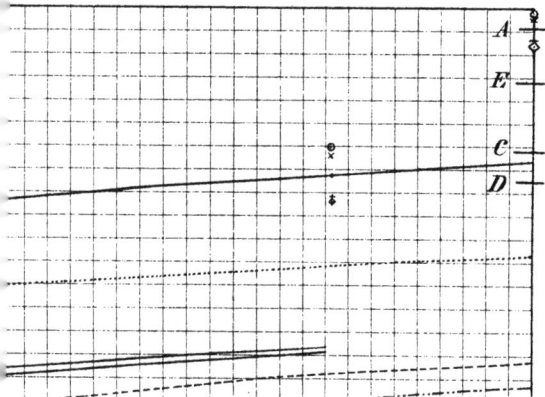

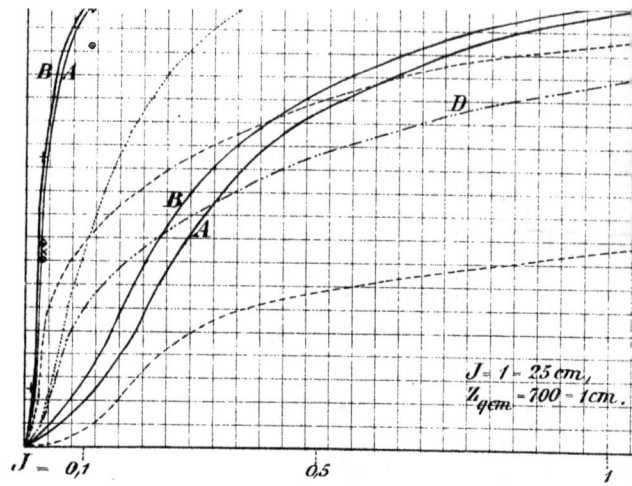

$$J = 1 \cdot 25\,cm,$$
$$Z_{qcm} = 100 \cdot 1\,cm.$$

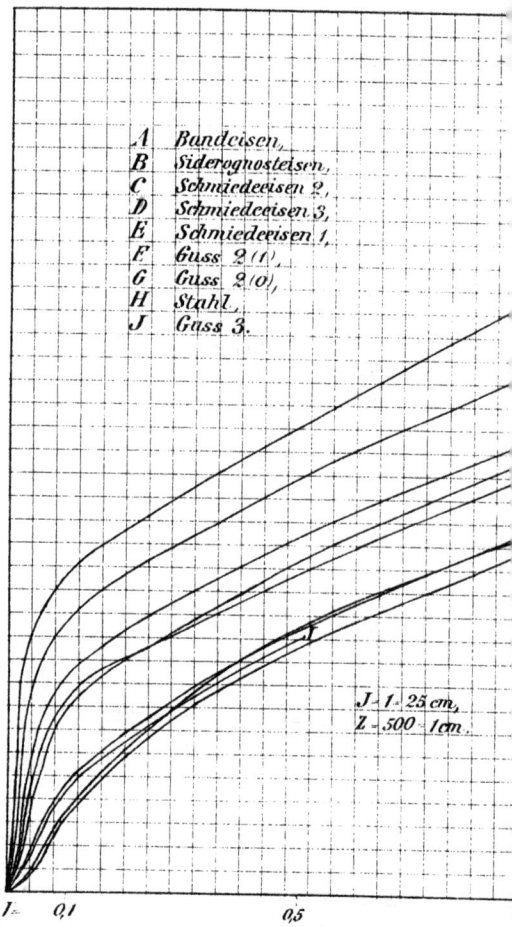

A	Bandeisen,
B	Sideroguosteisen,
C	Schmiedeeisen 2,
D	Schmiedeeisen 3,
E	Schmiedeeisen 1,
F	Guss 2 (1),
G	Guss 2 (0),
H	Stahl,
J	Guss 3.

$$J = 1 \cdot 25\,cm,$$
$$Z = 500 \cdot 1\,cm.$$